가족과 함께 떠난 세상에서 가장 아름다운 여행

사하라에서 별을 헤고
프라하에서 왕의 길을 걷다

사하라에서 별을 헤고
프라하에서 왕의 길을 걷다

펴낸날 | 초판 1쇄 · 2011년 5월 25일
　　　　초판 2쇄 · 2011년 8월 25일
지은이 | 연공홈 ★ 연아름
펴낸이 | 서용순
펴낸곳 | 이지출판

출판등록 | 1997년 9월 10일 제300-2005-156호
주소 | 110-350 서울시 종로구 운니동 65-1 월드오피스텔 903호
대표 전화 | 02-743-7661 팩스 | 02-743-7621
이메일 | easybook@paran.com

값 15,000원

ISBN 978-89-92822-69-5 03980

● 잘못 만들어진 책은 바꿔 드립니다.
● 지은이와 협의에 의해 인지를 붙이지 않습니다.

이 도서의 국립중앙도서관 출판시도서목록(CIP)은
e-CIP 홈페이지(http://www.nl.go.kr/cip.php)에서 이용하실 수 있습니다.
(CIP 제어번호: CIP 2011001941)

가족과 함께 떠난 세상에서 가장 아름다운 여행

사하라에서 별을 헤고 프라하에서 왕의 길을 걷다

글과 사진
연공흠 ★ 연아름

이지출판

억만금을 주고도 살 수 없는 행복

한국 유일의 내륙도 충북. 그곳에서도 소백산맥의 골짜기로 한참 들어간 곳 괴산이 나의 고향이다. 전기도 들어오지 않아 호롱불로 밤을 밝히는 초가집 20여 채가 옹기종기 모여 앉은 산골마을에서 밤마다 라디오에서 흘러나오는 김찬삼 선생의 세계일주 이야기를 들었다.

나도 외국 여행을 하고 싶어 세계지도에 점을 찍고 선을 그려 보았지만 서울 구경도 바다 구경도 못하고 20리 밖 읍내에 나가는 것이 크나큰 자랑거리였던 열두 살 산골 소년에게 이구아수 폭포와 앙코르와트 사원은 너무도 멀고 까마득한 꿈속의 세계였다.

비로소 배낭을 메고 세계 여행을 떠난 것은 88서울올림픽을 계기로 해외 여행이 완전히 자유화된 1990년. 난생처음 비행기를 타고 유럽으로 날아가 한 달 반 동안 열다섯 나라를 걸음마로 돌아본 이후 나는 여행 중독자가 되었다. 여행가방을 풀어놓자마자 다음 여행을 꿈꾸는 것이 중독이 아니고 무엇일까.

그동안 여덟 번의 가족여행을 다녀왔다. 그 중 뉴질랜드를 제외한 일곱 번의 가족여행 이야기를 이 책 속에 담았다. 나라로는 열넷, 기간으로는

50일 정도 된다. 여행사에서 패키지 상품을 구해 단체여행을 따라간 적은 한 번도 없다. 대강의 여행 일정을 그린 후 제일 먼저 인터넷을 이용하여 가장 저렴한 할인항공권을 예매한다. 다음은 호텔닷컴, 트래블슈퍼마켓닷컴 같은 사이트를 뒤적여 싸구려 호텔을 예약하고 이어서 현지 교통편을 알아보는 순서로 여행 계획을 세워 다녀왔다. 경비는 적게 들였지만 고생을 많이 한 여행이었다. 하지만 여행을 다녀와서 돌이켜보면 고생도 추억이요 자랑거리였다. 내가 한 고생은 고생이라 할 수도 없다.

아름이는 사하라 사막에서 콩가루같이 고운 모래를 밟으며 환호성을 질렀고, 융프라우 설원에서 두 팔 벌려 하늘을 얼싸안으며 즐거워하였다. 억만 금의 돈을 준들 이러한 기쁨을 살 수 있을까. 가족과 함께 국경을 넘나들며 보낸 숫한 나날이 내게는 더없는 행복이었다.

부부가 함께 여행을 다니면 싸움도 많이 한다는데 나의 여행 계획에 눈 곱만큼도 토를 달지 않고 고급 레스토랑에서 맛난 요리를 먹는 대신 세 식구 식사를 챙기느라 고생한 아내 노미숙에게 고마운 마음을 전한다. 마냥 어린 애인 줄 알았던 딸 아름이가 여행을 하면서 틈틈이 써 놓은 메모를 함께 실을 수 있게 된 것도 뿌듯하다.

이지출판사 서용순 대표의 격려가 없었던들 미천한 재주로 엮어 놓은 부끄러운 여행기를 감히 출간할 수 없었을 것이다. H문화센터의 여행작가반 강의를 들으며 나는 아직 멀었구나 하는 것을 뼈저리게 느꼈지만 욕심이 앞서서 부족한 글을 세상에 내놓게 되었다. 쓰레기 더미에 묻힐 이야기를 아름답게 포장하여 빛을 보게 해 준 서용순 대표와 울퉁불퉁한 원고의 교정을 꼼꼼하게 보아주고도 한사코 쌩크스투 멘트를 달지 말라고 한 L양에게 진심으로 감사드린다.

2011년 봄날
연공흠 ★ 연아름

CONTENTS

02

대영제국의 흔적을 더듬다

영국

03

천지창조의 비경에 빠지다

아일랜드

04

툴립 향기에 취하다

서유럽

05

옛 왕의 길을 걷다

동유럽

01

사막에서 별을 헤다

이집트

아빠, 우리도
이집트 여행 가요!

　사랑하는 딸 아름이가 이집트 여행을 가자고 졸라댄 것은 오래 전부터다. 친구가 이집트를 한 달 동안 여행하고 깜둥이가 되어 돌아와서는 사막의 모래가 솜사탕처럼 보송보송하고 밤하늘의 별이 보석처럼 반짝이더라며 들려주는 아프리카 여행담에 폭 빠져가지고 우리도 이집트 구경을 가 보자고 틈만 나면 성화였다.

　세계사 시간에 배운 고대문명의 발상지 이집트, 5천 년 전에 거대한 왕국을 세우고 피라미드를 건축한 신비의 나라를 가 보고 싶은 마음이야 늘 한구석에 있었다. 하지만 지리적으로 멀어서 여행비가 만만치 않은 데다 갔다 온 사람들마다 늘어놓는 이집트인의 속임수에 대한 공포 때문에 선뜻 나서지 못했다. 그리고 고등학교 입학을 앞두고 공부거리가 산더미 같은 아름이를 데리고 여행을 떠나기도 쉽지 않았다.

　그런데 '다음에 가지 뭐' 하고 미루다 보니 일 년이 훌쩍 지나버렸고 한두 달 전에 이집트를 다녀온 친구들이, 아찔했던 경우도 있었지만 문화 유적이 그리스나 로마 문명보다 훨씬 찬란하다며 꼭 한 번 가 보아야 할 곳이라고 바람을 넣어 가족여행을 결심했다.

　그렇게 떠난 이집트 여행, 결과는 참으로 즐겁고 보람 있었다. 일정에서 거의 어그러짐이 없었고 우려했던 실랑이나 바가지도 크게 겪지 않았으며 무엇보다도 아름이가 여태까지 여행한 나라 중 가장 좋았다며 무척 기뻐했다.

바하리야
오아시스를 향하여

　우리나라와 대부분의 유럽 국가는 상호 비자면제협정이 체결되어 있어 입국 비자가 필요없다. 하지만 영국이나 아일랜드공화국 같은 나라는 입국 심사가 여간 까다롭지 않다. 여행 목적과 얼마동안 어디서 머무는지 꼬치꼬치 캐묻고 항공권과 호텔 예약증명서를 확인한 후 큰 인심이라도 쓰는 양 입국 스탬프를 눌러 준다.

　정작 비자가 있어야 들어갈 수 있는 이집트는 공항에서 수수료 20달러를 내니 한 마디도 묻지 않고 발급해 주었다. 입국심사대 직원은 기계처럼 여권을 확인하고 인지를 붙이고 스탬프를 찍기만 했다.

　그렇지만 공항에서 시내로 들어가는 길은 만만치 않다고 했다. 시내까지 택시요금이 50이집트파운드인데 서너 배 바가지를 씌우기 일쑤고, 흥정을 끝내고 따라가 보면 정작 그 사람은 빠지고 폐차 직전의 고물차 기사에게 인계를 한다는 것이다.

　이런저런 고생을 덜려고 현지 한국인을 통해 승합차를 예약해 놓은 터라 약속시간까지 1시간여를 대합실 의자에 앉아 기다렸더니 새벽 5시가 조금 넘어서 승합차와 이집트 안내인이 도착했다. 당초 9인승을 예약했는데 친절하게도 넉넉한 12인승을 준비해 와 우리 가족 셋을 포함한 일행 8명은 두 다리를 쭉 펴고 모자란 잠을 보충하며 새벽 사막길을 달렸다.

"아름아, 맑은 날이 좋으니, 비 오는 날이 좋으니?"

"맑은 날이 좋지요."

아름이는 망설임 없이 대답했다.

"그런데 비가 오지 않고 맑은 날만 계속되는 이집트는 땅덩어리가 온통 사막이구나."

카이로에서 바하리야 오아시스까지 4시간을 달렸건만 눈에 보이는 것은 풀 한 포기 없는 황량한 모래바다뿐이다. 영화 '사하라' 에서 본 예쁜 모래언덕도 아니고 희뿌연 흙먼지가 덮인 황무지가 동서남북으로 끝없이 펼쳐져 있다.

바하리야 오아시스 마을에 도착한 승합차가 수수깡을 얼기설기 엮어 만든 허름한 집들을 비집고 한참 들어가 그럴듯한 양옥 앞에 우리를 내려 주었다. 전화와 메일을 주고받으며 여행 준비를 도와준 '미도 사파리' 였다.

이집트에 여행 왔다가 이곳이 좋아 그냥 눌러앉은 후 이집트인과 결혼해서 두 아이를 낳고 행복하게 살고 있는 한국 여인, 이제는 사막 투어를 안내하면서 고객이 원하면 호텔과 교통편 예약도 덤으로 해 주는 정 여사를 처음 만났다. 그녀는 첫째 아들 '미도' 의 이름을 딴 여행안내소를 운영하고 있었는데 따로 사무실은 없고 집에서 전화와 인터넷으로 업무를 처리하고 있었다.

빵 몇 조각으로 허기를 때운 걸 알고 정 여사는 쌀밥에 카레를 얹어 내왔다. 한국인의 인심이란 이런 것이다. 금강산도 식후경, 사하라 사막도 식후경, 맛있게 식사를 하고 사륜구동 지프에 올라 사막 투어에 나섰다.

사하라에서 별을 헤고 프라하에서 왕의 길을 걷다

사막으로
가사이다

이집트에서 꼭 보아야 할 것이 기자의 피라미드와 아스완의 아부심벨이라고 누가 말했던가. 나중에 가 본 피라미드는 사막이 아니라 카이로 교외 허름한 주택가 뒤편에 있었는데, 진입로도 피라미드도 제대로 관리가 되지 않아 그야말로 엉망이었다.

카이로에서 아스완까지 13시간, 아스완에서 아부심벨까지 또 3시간. 유네스코 지정 세계문화유산이라는 아부심벨은 카이로에서 16시간 떨어진 이집트 최남단에 위치해 있다. 주차장엔 흙먼지가 폴폴 날리는데다 신전의 유명세만큼 잔뜩 기대를 했기 때문에 조금은 실망을 했다.

우리는 처음부터 사막 여행을 작정했다. 아름이 친구가 얼마나 사막 얘기를 했던지 아름이는 준비하는 동안 내내 사막타령이었다. 세계 4대 문명 발상지 중 한 곳인 이집트에 가서 역사 공부를 했으면 하는 나의 바람과는 달리 아름이의 마음은 이미 모래언덕에 가 있었다. 그런 아름이의 기대는 틀린 것이 아니었다.

이집트 볼거리의 순위를 매기자면 사막이 첫 번째요, 다음으로 세계 최대라는 룩소르의 카르낙 신전과 벽화가 일품인 왕들의 골짜기(고분군)를 꼽고 싶다. 특히 사막을 구경하고 나니 이집트 여행의 본전을 다 뽑은 것 같아 앞으로 보는 것은 덤이라는 생각에 마음이 편했다. 그 중 백미는 소금호수와 백사막 그리고 샌듄이었다.

소금호수(Salt Lake)

처음에 나는 나의 눈을 의심하였다.
저것이 물인가 거울인가.
그 아름답던 알프스의 호수 물도 미풍에 찰랑이고 있건만
그릇에 물을 담아 놓은 듯
한 치의 일렁임도 없는 잔잔한 호수면이
맑기는 또 수정과 같아
산 아래 거대한 판유리를 깔아 놓은 것 같다.
수면의 위와 아래가
완벽한 대칭을 이루며 반짝이는 모습이
잘 찍어 낸 한 장의 데칼코마니였다.

수정같이 맑고 고운 바하리야 오아시스의 소금호수

백사막(White Desert National Park)

이곳은 지구가 아니었다.
스타워즈에 나오는 외계의 한 장면.
몇 겹의 세월 동안
사막의 바람이 온갖 형상을 만들어 놓았는데
치킨이며 낙타며 토끼며 버섯들이
장인이 정으로 수백 년을 쪼아도 만들지 못할
훌륭한 작품이었다.
면적도 광활하고 자연조각품도 수만 개에 달해
넋이 나갈 지경이었다.
사막에서 야영을 하면서 본 황홀한 낙조와 찬란한 일출,
그리고 캄캄한 밤하늘에서
금방이라도 내 얼굴 위로 와르르 쏟아져 내릴 것 같은
사막의 모래알만큼이나 많은 별보석들….

샌듄(Sand Dune)

사륜구동 지프를 타고
황량한 사막길을 달리고 또 달렸다.
모래먼지 뽀얗게 날리며
덜커덩덜커덩 쓰러질 듯 요동치는 지프
멀미를 하는 사람들은 벌써 나가떨어졌다.

대체 무엇을 보려고 이 고생을 하는가?
샌듄을 보기도 전에
이 길고도 먼 길을 되돌아갈 일이
까마득하기만 하였는데

무진장한 인내심으로 버티기를 두 시간
드디어 거무튀튀한 모래언덕이 끝나고
여인의 속살처럼 뽀얀 모래동산이 나타났다.

콩가루같이 고운 모래가
산 너머 산을 이루며
끝없이 이어진 곳
더 말해 무엇하리요.
보송보송 내 발가락을 간질이던 곱디고운 모래언덕이
지금도 눈에 선하다.

아름이의 여행노트

　우리 가족의 사막 여행은 갑수 오빠가 안내하였다. 갑수 오빠는 지프 운전사인데 원래 이름은 모하메드다. 사장이 한국 사람이어서 한국인 관광객을 많이 상대하기 때문인지 지프 운전사들이 모두 철수, 민수, 만수 하는 식으로 한국 이름을 사용하고 있다. 갑수 오빠는 운전을 아주 잘했다. 울퉁불퉁한 사막길에서도, 바퀴가 반은 빠지는 모래밭에서도 거침없이 달렸다.

　사막에 도착해서는 우리를 위해 텐트를 쳐 주고 모닥불을 피워 주었다. 그 모닥불에 치킨을 구워 저녁 요리를 해 주었고 식사가 끝난 다음에는 흥겹게 북을 두드리며 이집트 민요를 몇 시간이나 불러 주었다.

　한낮의 사막도 근사했지만 밤의 모래밭 또한 아름다웠다. 닭고기를 뜯는데 어떻게 냄새를 맡았는지 사막여우가 눈에 불을 반짝이며 나타났다가 닭고기 뼈다귀를 던져 주자 잽싸게 물고 어둠 속으로 사라졌다. 이 넓은 사막에 여우가 살고 있다는 사실이 신기했다. 갑수 오빠는 잠잘 때 신발을 텐트 속에 넣어 두어야지 그렇지 않으면 사막여우가 물고 간다고 주의를 주었다.

　사막 한가운데서 본 밤하늘의 별도 평생 잊을 수 없을 것 같다. 나는 한국에서 별을 거의 보지 못했다. 설날이나 추석 때 시골에 갔을 때도 별을 본 기억은 없다. 혹시 보았다 해도 몇 개 안 됐을 것이다. 그런데 사하라 사막의 밤하늘에는 수천, 수만, 아니 셀 수도 없는 무지 많은 별들이 반짝반짝 빛나고 있었다. 우유를 뿌려 놓은 것 같은 은하수도 처음 보았다. 사막 투어는 이집트 여행 중, 아니 나의 모든 해외여행 중 최고였다.

나일 강 따라 삼천 리

이집트의 여정은 나일 강을 따라 북에서 남으로 삼천 리를 이동하며 고대 신전과 왕들의 무덤을 더듬는 길이다. 고대 이집트 문화 유적지는 고왕국의 수도 멤피스에 인접한 카이로, 중왕국과 신왕국의 수도로 번영을 누렸던 테베를 끼고 있는 룩소르, 그리고 유네스코 지정 세계문화유산인 아부심벨과 이시스(필라에) 신전을 주변에 품고 있는 아스완 등 세 곳에 집중되어 있다. 홍해의 휴양지 후르가다에서 다이빙을 즐기는 것도 이집트 여행의 참맛이라지만, 그곳은 이번 여행 일정에 넣지 않았다.

이집트의 수도 카이로는 나일 강 하구 지중해 연안에 있고, 룩소르는 카이로에서 나일 강을 따라 상류 쪽으로 730㎞ 올라간 곳에 있다. 아스완은 룩소르에서 다시 220㎞를 올라가야 하며, 아부심벨을 가려면 아스완에서 또 280㎞를 더 가야 한다. 기차를 이용할 경우 카이로에서 룩소르까지 9시간, 룩소르에서 아스완까지 3시간, 아스완에서 이집트의 최남단 수단 접경 지역의 아부심벨까지는 자동차로 다시 서너 시간이 더 걸린다.

외국인 관광객들은 이집트에서 룩소르나 아스완으로 이동할 때 비행기를 타거나 외국인 전용 야간 침대열차를 이용한다. 그동안 여행자들은 대개 현지 에이전트를 통해 침대열차표를 구입하여 편하게 이용했는데, 2010년부터 이집트 국영 철도회사에서 침대열차 승차권 전량을 대형 여행사에 위탁 판매하는 시스템으로 바꾸어 도무지 표를 구할 길이 없었다.

표를 몽땅 사들인 현지 대형 여행사가 자기네 여행사를 이용하는 관광객에게만 웃돈을 받고 표를 제공하고 있어 우리 같은 개별 여행객 몫은 없었던 것이다. 미도 사파리 정 여사에게 부탁하여 카이로의 여행사 몇 곳을 알아보는 한편, 한국 내 이집트 전문 여행사에 수소문해 보았지만 끝내 표를 구할 수 없다는 회신을 받고 난감하였다. 그러나 좌석열차표는 아직 철도회사에서 판매하고 있고 값도 저렴하여 부탁했더니 용케 구해 주었다.

열차를 기다리는 동안 아름이는 이집트 꼬마와 장난을 쳤다. 어느 나라나 어린이들은 귀엽다. 아름이가 두 눈이 초롱초롱한 꼬마에게 장난을 치다가 나중에는 그 집 아이 셋과 숨바꼭질을 했다. 한참 재미있게 노는데 내국인 열차가 와서 꼬마네 식구가 먼저 출발하였다. 내국인 열차는 승객이 매달려 갈 정도로 만원이어서 정신이 없었다.

나중에 도착한 외국인 전용열차는 외양은 지저분했지만 입석 승객이 없어서 혼란스럽지는 않았다. 앞에 침대열차가 10량 정도 있고 꽁무니에 2량의 좌석열차가 달려 있었는데, 침대열차는 1인당 미화 60달러(한화 72,000원)에 저녁과 다음날 아침식사가 나오고 좌석열차는 127이집트파운드(25,400원)에 식사는 제공되지 않았다. 우등고속버스처럼 좌석이 통로 오른쪽에 하나, 왼쪽에 두 개가 있는 형태여서 넓고 안락하였다. 다만 한겨울이어서 자정이 지나 새벽까지는 무척 썰렁해서 담요를 덮어야 했다.

카이로를 출발한 열차는 한 번도 쉬지 않고 9시간을 달려 룩소르에 도착했고, 몇 무리의 승객이 타고 내린 후 나시 출발하여 논스톱으로 3시간을 달려 아스완에 닿았다. 나일 강을 끼고 가다 보니 차창 밖으로 사탕수수밭이며 야자수가 우거진 초록 들판이 이어졌다.

아스완의
새로운 천황 만수

 해가 중천에 떠서야 아스완 역에 도착하니 바하리야 오아시스의 정 여사가 소개해 준 '모하메드 갈랄'이 '미도 사파리'라는 한국어 피켓을 들고 우리를 맞아 주었다.

 아스완에는 자칭 만도 친구라는 한국인 전문 여행 에이전트 찰리가 있다. 한때 "룩소르에 가면 만도가 있고 아스완에 가면 찰리가 있다"는 말이 유행했는데, 아스완에 만도 친구 찰리라고 하면서 한국인에게 접근하는 녀석이 세 명이 더 생겨 원조 찰리까지 모두 네 명의 찰리가 영업을 하고 있다

아스완의 새로운 천황 만수와 함께

고 한다. 만도 친구 찰리에게 여행 프로그램을 구매하여 관광하고 온 사람 대부분은 원조가 아닌 짝퉁 찰리에게 속아서 구매한 여행객이다. 인터넷을 검색해 보면 이집트를 여행하고 온 분들이 찰리라고 소개하며 올려놓은 사진이 있는데, 사진 속의 찰리가 제각각이다.

이때를 틈타 혜성같이 나타난 아스완의 천황이 있으니 그 이름이 만수(모하메드 갈랄)다. 더 겪어봐야 알겠지만 만수는 찰리에 비해 훨씬 친절하고 저렴한 가격에 여행 프로그램을 판매하고 있었다.

펠루카(돛단배)는 1시간에 1인당 10이집트파운드(2,000원)에 어린이는 무료, ① 아부심벨 왕복, ② 아스완하이 댐, 이시스 신전, 미완성 오벨리스크 관람, ③ 아스완 → 룩소르 이동, 셋을 통틀어 14인승 버스를 1,100이집트파운드(220,000원)에 마련해 주었다. 8명이 차를 탄 시간만 해도 10시간이 훨씬 넘었으니 1인당 3만 원을 지불한 꼴인데 바가지를 쓴 것 같지는 않다.

그리고 역에서 호텔까지 이동하는데 택시 두 대를 잡아 주고 요금은 서비스로 자기가 냈다. 인상이 선하고 헤어질 때는 아이들 먹으라며 과자와 생수를 비닐가방에 가득 담아 주는 등 그는 한국인의 정서에 맞는 성의 표시도 할 줄 아는 친구였다.

나일 강에
배 띄워라

영국 BBC방송에서 죽기
전에 해야 할 것 50가지를
발표한 적이 있는데, 그 중
하나가 나일 강에서 펠루카
를 타고 일몰을 보는 것이
었다. 기회가 주어진다면
50가지 중 몇 가지는 해야
지 했는데, 마침 나일 강에
서 펠루카를 탈 기회를 잡
았다. 그것도 나 혼자가 아

펠루카를 타고 보는 나일 강의 낙조는 BBC방송에서 선정한
죽기 전에 하여야 할 것 50가지 중의 하나다.

닌 아름이와 아내와 함께. 우리가 묵은 나일 강변 호텔이 바로 선착장이기도
해 더욱 편리하였다.

오후 3시 반에 펠루카에 오르자 얼굴에 주름이 가득한 누비아인 사공과
아들인 듯한 조수가 펠루카의 돛을 올리고 노를 젓기 시작했다. 돛과 노 외
에 동력이 전혀 없는데 그날따라 한 올의 바람도 불지 않아 두 사공이 돛단
배를 움직이느라 무던히도 애를 썼다. 짙푸른 나일 강에 수십 척의 펠루카가
돛을 올렸지만 속력이 나지 않아 우왕좌왕, 가끔 지나가는 동력선이 펠루카
를 밀어 주기도 했다.

펠루카 운행 코스는 두 시간에 걸쳐 나일 강 한가운데 길쭉하게 누워 있는 엘레판티네 섬을 반시계 방향으로 한 바퀴 도는 것이었다. 나일 강의 짙푸른 물결 위에 하얀 돛을 펄럭이는 펠루카가 강 너머 아스라이 펼쳐져 있는 모래 언덕과 어울려 한 폭의 그림을 만들었다.

5시쯤 되자 나일 강과 서쪽 사막을 온통 빨간빛으로 물들이며 해가 떨어졌다. 엘레판티네 섬의 누비아 마을과 삐쭉 솟은 야자수 숲이 노을을 배경으로 까만 실루엣을 드리우고 그 아래로 나일 강 물결이 선홍빛 물감을 머금은 채 찰랑거렸다.

일출과 일몰 광경이야 어디선들 멋지지 않으랴만, 죽기 전에 꼭 해야 할 50가지 중 하나인 펠루카를 타고 보는 나일 강의 일몰이야말로 정말 장관이었다.

나일 강에 점점이 떠 있는 펠루카

바위굴 속의
신전 아부심벨

새벽 3시. 먼동이 트기까지는 아직도 서너 시간이 남았지만 아름이를 흔들어 깨웠다. 아부심벨을 보려면 꼭두새벽에 일어나 버스를 타야 한다. 각호텔에서 출발한 관광버스와 승합차, 승용차 등 수백 대가 아스완 북쪽 집결지역으로 꾸역꾸역 모여들었다. 4시가 되자 경찰의 호위를 받으며 선두에 있는 차부터 차례로 아부심벨을 향해 출발했다.

아스완에서 아부심벨로 가는 사막길 280㎞ 중간에 관광객을 노린 노상 강도와 종교적 불만을 가진 무슬림 과격파의 테러가 종종 발생하여 몇 해 전

이른 새벽 아부심벨로 가기 위해 줄지어 선 버스

에는 독일인이 6명이나 죽고 더 많은 관광객이 다치는 불상사가 일어났다고 한다. 그 후 개별관광이 금지되어 이렇게 이른 시간에 경찰의 호위를 받으며 단체로 이동을 하고 있는 것이다.

앞차 꽁무니에 붙어 출발하였지만 먼 길을 달리다 보니 차와 차 사이가 벌어지고 제각각 고속으로 내달리는 바람에 차간거리가 수백 미터나 되어 무장한 무슬림이 나타난다면 꼼짝없이 당할 것 같았다. 잠이 덜 깬 아름이가 꾸벅꾸벅 조는 동안 버스는 밤안개를 가르며 불모의 벌판을 달렸다. 그렇게 3시간을 달리자 막 먼동이 트는 나세르 호수 옆으로 위풍당당한 아부심벨이 나타났다.

고대 이집트 중왕국과 신왕국의 수도였던 테베(현재의 룩소르)에서 아부심벨까지는 장장 500㎞로 지금도 자동차로 6시간 이상 걸리는 거리다. 기원전 13세기 이집트의 전설적인 파라오 람세스 2세가 이곳에 신전을 세운 까닭은 카데시 전투의 승리를 기념하기 위해서였다고 한다.

이 전투는 신전이 있는 누비아 지역이 아닌 지금의 시리아 지역에서 용맹한 히타이트 족과 벌인 싸움이다. 아부심벨 내부 벽에도 람세스 2세에게 충성을 다짐하는 당시 시리아 지방에 거주하던 히타이트 족의 모습이 조각되어 있다.

그런데 시리아 역사서에는 카데시 전투에서 무와탈리스 히타이트 국왕의 군대가 람세스가 지휘하던 이집트 군을 무찌른 것으로 기록되어 있고, 후에 발굴된 유물과 역사가들의 연구에 의해 증명되었으며 람세스의 기록은 편파적이라는 주장이 설득력을 얻고 있다.

어찌하여 2천 킬로미터 북쪽에서 벌어진 카데시 전투의 승리를 기념하는 신전을 흑인계통의 용맹한 누비아 족이 거주하고 있는 남쪽 나라에 세웠을까? 많은 사람들이 당시 잦은 반란을 일으키던 누비아인에게 경종을 울리기 위해서일 거라고 추측하고 있다.

아부심벨 대신전. 찬란한 아침햇살이 람세스 2세의 거상을 비추고 있다.

기원전 1274년부터 1244년까지 무려 30년에 걸쳐 바위산을 부수고, 파고, 깎고, 쪼아서 만든 이 거대한 신전은 67년간 이집트를 통치했던 파라오 람세스 2세의 신전이다. 신전이란 것이 애당초 신을 모셔 놓은 것이고 이집트의 신전 역시 아문(아몬), 라 등 당대의 신을 모셔 놓은 것이 대부분인데, 아부심벨은 신격화된 람세스 2세가 주인공인 셈이다. 대신전 전면에 있는 4개의 거대한 조각상이 모두 람세스 2세 자신이고 입구에 들어서면 람세스 2세의 조각상 6개가 또 있다. 신전 안쪽에 있는 지성소에도 당시 이집트에서 가장 추앙받던 아문 신과 나란히 람세스 2세 상이 있으니 이쯤 되면 람세스 2세는 살아서도 신이었던 셈이다.

대신전 옆에는 람세스 2세가 가장 사랑한 왕비 네페르타리를 위해 지었다는 하토르 신전(소신전)이 있는데, 역시 전면에 10m 높이의 람세스 2세 조각상이 4개, 왕비 조각상이 2개 있다. 스물한 살에 벌써 부인이 17명이었다는 람세스 2세는 네페르타리를 유독 사랑하였다. 이 절세가인에 대한 왕의 총애가 얼마나 대단했는지 그녀의 조각상을 자신의 것과 같은 크기로 만들도록 하였다.

아부심벨은 6세기경 모래바람에 묻히는 바람에 까맣게 잊혀졌다가 1813년 스위스의 동양학자 부르크하르트(Burckhardt)의 발굴로 겨우 세상에 알려지게 되었다. 원래 금모래 반짝이던 강변 바위산에 있었으나 1960년대 나일 강의 홍수를 막기 위해 아스완하이 댐을 건설하면서 아부심벨이 통째로 물에 잠길 위기에 처하자, 유네스코의 지원 아래 다국적 이전복원팀이 1964년부터 1968년까지 원래의 위치에서 180m 떨어져 있는 평지에 인공 돔을 만들어 그 안에 조각조각 옮겨 쌓았다. 전면의 크기가 가로 33m, 세로 22m인 이 거대한 암굴신전을 블록으로 평균 20톤, 최대 30톤으로 토막 내어 옮겨다가 정교하게 붙여 놓은 기술이 과연 용하기만 하다.

아름이의 여행노트

오직 아부심벨을 보기 위해 새벽 3시에 일어나서 먼 길을 왔다. 우리 가족뿐 아니라 수천 명의 관광객이 그렇게 왔다. 대신전과 소신전 두 개가 바위 속에 있었는데 정말 웅장했다. 현대적인 굴착 장비가 없던 시절에 원시적인 방법으로 바위를 뚫어 굴을 만드는 것은 보통 일이 아니었을 것이다. 그냥 후벼판 것이 아니고 람세스 상과 벽면 조각을 새기면서 파들어 갔으니 얼마나 힘들었을까.

고대 이집트인의 토목 기술과 예술적 감각이 놀랍기만 하다. 그런데 원래 있던 자리에서 옮겨 놓아 천장 윗부분과 돔 사이는 텅 비어 있고 그 위를 시멘트로 덮어씌운 모조품이라고 해서 조금 실망했다.

당신의 딸을
내게 주시오

또 흥정이 시작되었다. 아부심벨과 함께 유네스코 지정 세계문화유산인 이시스 신전(필라에 신전)을 보기 위해 아길키아 섬으로 가려면 배를 타야 했고 어쩔 수 없이 누비아인 사공과 뱃삯 흥정을 해야 했다.

선착장에는 100척도 넘는 크고 작은 배가 손님을 기다리고 있어 기웃거렸더니 젊은 사공 하나가 말을 걸어왔다. 우리가 큰 배에 묻어가겠다고 하자 일행이 8명이니 자기 배가 꼭 맞을 거라며 흥정을 시작했는데 그의 입에서 400이집트파운드라는 말이 튀어나왔다. 미리 알아본 정상요금은 1인당 5이집트파운드였는데 처음부터 10배의 가격을 불렀다.

"이봐 친구, 내가 두 달 전 크리스마스 휴가 때도 여기에 왔었거든. 그때는 분명 1인당 5파운드였어."

이 녀석은 황소눈을 뜨며 말도 안 되는 소리라고 한다. 내가 어르고 달래며 흥정하자 400파운드에서 300파운드로, 다시 250파운드로, 계속 내려갈 것 같은 가격은 200파운드에서 일단 멈추었다가 150파운드까지 내려주고선 고개를 흔들었다. 멈추지 않고 끈질기게 흥정을 한 끝에 80파운드에 낙찰을 보았다.

그런데 가서 보니 아니, 이건 배가 아니라 널빤지였다. 항구에 있는 배 중 가장 작았고 우리 일행 여덟에 사공까지 아홉이 타니 꼭 뒤집힐 것처럼 기우뚱거렸다. 부웅 시동을 걸고 배가 움직이자 흔들림은 덜했는데 잘 가다가 호수 가운데서 픽픽 소리를 내더니 멈춰섰다.

순간, 올 것이 왔구나 하는 생각이 들었다. 택시를 타고 공항에 가다가 시계를 보며 급한 표정을 지으면 일부러 속력을 늦춰 초조하게 만들어 추가 요금을 우려낸다 하지 않던가. 일엽편주에서 잔뜩 긴장하고 있는데 누비아 총각은 연료가 떨어졌다며 배 널빤지 바닥 아래 공간에서 플라스틱 통을 꺼내 휘발유를 엔진 연료통에 채워 넣었다. 다행히 연료를 보충하더니 군말 없이 보트를 몰아 호수를 가르며 나갔다.

작고 아름다운 아길키아 섬과 섬 안에 있는 웅장한 이시스 신전이 시야에 들어왔다. 1902년, 당시 이집트를 통치하던 영국이 세계 최대의 아스완 댐을 건설하고 물을 채우자 원래 이시스 신전이 있던 필라에 섬도 대부분 물에 잠겨 신전이 수몰될 위기에 처했다. 1960년대 구 아스완 댐 상류에 아스완하이 댐을 건설하면서 구성된 유네스코 문화유적지 이전복원팀이 1972년에서 1980년 사이에 신전을 원래 위치보다 20m 더 높은 아길키아 섬으로 옮겨 놓은 것이 현재의 이시스 신전이다.

이시스 신은 우리가 잘 알고 있는 저승 신 오시리스의 누이이자 부인이다. 남편을 지극히 섬긴 것으로 유명한데, 로마시대에는 이집트 최고의 신으로 로마제국과 영국의 숭배 대상이었다고 한다.

신전 입구에 들어서니 정원 양쪽에 늘어서 있는 수십 개의 거대한 돌기둥이 나그네를 압도했다. 아부심벨은 굴 속에 있는 신전이어서 답답하고 규모도 작았는데 지상에 우뚝 솟아 있는 이시스 신전은 열주에 조각된 그림도 예술이거니와 대체 이 무거운 돌덩이를 어디서 어떻게 옮겨 와 이렇게 갈고 다듬어 세웠는지 그 시절의 기술에 놀랄 수밖에 없었다.

이시스 신을 모신 맨 안쪽 지성소에는 여신의 가족사가 부조로 묘사되어 있었다. 신전 오른쪽에는 사랑과 모정과 기쁨의 여신으로 음악과 춤과 출산

이시스 신전의 탑문과 열주

이시스 신전에서 만난 아랍 여인들. 함께 사진 찍는 것을 어린애처럼 좋아하였다.

을 관장했다는 하토르 여신의 신전이 있었는데 규모는 작지만 여성스러운 우아함이 돋보이는 아름다운 건축물이었다.

이시스 신전을 보고 돌아오는 길에 누비아인 사공은 구성지게 노래를 불렀다. 잘생기고 똑똑한 청년이 어찌하여 결혼을 못했느냐, 아마도 이집트 여인들이 사람 볼 줄을 모르는 것 같다고 했더니 대뜸 아름이를 줄 수 없느냐고 한다. 녀석, 꿈도 야무지다. 금지옥엽 무남독녀를 나세르 호수의 외로운 섬에 사는 흑인 사공에게 시집을 보내라니 가당키나 한 말인가?

선착장에 도착하여 흥정했던 요금 80파운드를 주니 토끼눈이 되어가지고 왜 요것밖에 주지 않느냐고 항의했다. 분명히 80파운드라 해 놓고 무슨 소리냐 했더니, 아까 배에서 들은 노래가 흥겹지 않았느냐는 것이다. 팁을 달라는 소리지만 이미 뱃삯은 충분히 치른 터, 다음에 다시 오겠다며 기약 없는 약속을 하고는 서둘러 아스완으로 향했다.

아름이의 여행노트

이시스 신전을 돌아보고 있는데 머리에 헤잡을 쓴 언니들이 다가와서 함께 사진을 찍자고 했다. 나는 헤잡은 하얀색이나 검은색만 있는 줄 알았는데 이집트 언니들이나 아줌마들은 주홍색, 노랑색, 빨강색 같은 화려한 색깔의 헤잡을 썼다.

언니들은 아직 아시아 사람들을 많이 만나보지 않았는지 신기한 눈으로 나와 엄마를 바라보았다. 조금 수줍었지만 웃으면서 함께 사진을 찍었더니 다른 언니들도 계속 와서 함께 사진을 찍자고 해 몇 번이나 포즈를 취해 주었다. 큰 눈에 쌍꺼풀이 예쁜 매혹적인 언니들과 사진을 찍는 것이 나도 싫지 않았다.

댐에는 물이 가득
땅에는 먼지만 폴폴

동이 트는 나세르 호(아스완하이 댐)

　아스완에는 댐이 두 개 있다. 하나는 1902년 영국 지배 하에 완성한 구 아스완 댐으로 당시에는 세계 최대의 댐이었다. 또 하나는 이 댐의 7.3㎞ 상류에 소련의 원조로 1971년에 건설한 아스완하이 댐이다. 완공까지 11년이나 걸린 이 댐은 둑이 기자의 피라미드 92개를 붙여 놓은 크기이고 건설 도중

451명의 노동자가 목숨을 잃을 정도의 난공사였다고 한다. 새로 건설한 아스완하이 댐으로 생긴 나세르 호는 유역면적 5,250㎢, 저수용량 132㎦로 세계 최대의 인공호수다.

이 두 댐은 아스완 남쪽 아부심벨 가는 길목에 있어서 아부심벨을 다녀오는 모든 차량이 꼭 들르는 관광명소다. 세계사 교과서에 나오는 댐이어서 꼭 한번 들러볼 만하지만, 차창 밖으로 댐과 호수가 다 보이는데 굳이 차를 멈추고 내려서 보아야 할 필요는 없었다. 입장료를 받는데 길 옆에 있는 안내판 말고는 아무것도 없었다.

아름이의 여행 노트

세계사 시간에 배운 아스완 댐을 직접 보았다. 댐에는 물이 가득 고여 있는데 주변의 땅은 바짝 말라 있어 바람이 살짝 불어도 먼지가 폴폴 일었다. 이 호수의 방대한 물은 비가 많이 내리는 에티오피아의 청나일 강과 우간다, 케냐, 탄자니아의 백나일 강에서 흘러온 물을 가두어 놓은 것이고, 정작 이곳은 비가 내리지 않는 지역이다.

이 호수 물을 끌어다 메마른 땅에 농사를 지을 수는 없을까? 그렇게 하면 거기에 콩도 심고 밀도 심고 포도나무도 가꿀 수 있을 텐데…. 부지런한 우리나라 사람들이라면 이집트 사막을 옥토로 바꾸어 놓을 것 같은 생각이 들었다.

완성하지 못한
오벨리스크

아스완에서 마지막으로 들른 곳은 고대 이집트 채석장이다. 이곳에서 돌을 캐어 카르낙 신전도 짓고 오벨리스크도 만들었다는데, 착암기나 기중기가 없던 시절에 오로지 사람의 힘만으로 몇 개월 몇 년에 걸쳐 돌을 자르고 다듬었다고 한다.

채석장에는 당시 자르다 만 거대한 돌덩이가 하나 있었다. 이집트의 오벨리스크는 오로지 한 덩어리 돌로 만들었는데 이 오벨리스크가 미완성인 채 누워 있는 까닭은 아마도 가운데 쩍 금이 갔기 때문이리라.

아스완 채석장에 있는 미완성 오벨리스크

싸움은 말리고
흥정은 붙여라

관광객이 들끓는 이집트에는 도시마다 토산품 시장이 있다. 어지럽게 늘어놓은 상품이며 와자지껄하는 모습이 꼭 남대문시장 분위기다.

같은 물건이라도 카이로의 재래시장 칸알칼릴리보다 아스완의 수크 거리가 더 싸다고 해서 저녁을 먹고 밤거리로 나섰다. 파피루스에서부터 목걸이, 열쇠고리까지 있어야 할 것은 다 있고 없을 것은 없는 그런 시장이었다. 쇼핑보다는 이집트의 정취가 흠씬 배어 있는 시장 분위기에 젖어 보고 기억에 남을 기념품을 하나 사려고 가게를 기웃거리니 점원이 쫓아와서 말을 건넨다.

그런데 왜 이 나라에는 정찰제란 것이 없을까? 어느 물건이나 가격 흥정을 해야 하는데 그 방법이 또 희한하다. 주인이나 점원이 제시한 가격이 비싼 것 같아 발길을 돌리면 금방 쫓아와서 "헤이 친구, 자네가 원하는 가격은 얼마인고?" 하고 묻는다.

무시하고 그냥 걸으면 흥정을 하자고 붙잡는다. 못이기는 체 "얼마에 줄 건데?" 하고 물으면 자기의 가격은 제시하지 않고 내가 원하는 가격만 묻는다. 내가 원하는 가격을 말하면 자기가 제시한 가격과 비교해서 결정한다. 가게 주인이 100파운드를 제시하고 내가 90파운드를 요구하면 90~100파운드 사이에서 가격을 결정하지만, 내가 20파운드에 달라고 우기면 20~100파운드 사이에서 가격을 정한다. 그러니 처음에 5분의 1이나 10분

재래시장 수크 거리의 밤풍경

의 1로 뚝 잘라서 말해야 싸게
살 수 있다.

　이집트의 대표적인 기념품
인 파피루스는 처음에 130파운
드(26,000원)를 제시했는데 35
파운드(7,000원)에 사고, 130파
운드를 달라고 한 아내의 모자
도 단돈 35파운드에 샀다. 흥정
을 할 때 험악한 분위기는 없고

수크 거리의 기념품점

어르고 달래고 사정하는 것이어서 한편 재미있었다.

룩소르의 유지가 된
한국인 관광 가이드

아스완에서 승합차를 타고 밤길을 더듬어 룩소르로 가는데 검문소를 몇 개 통과하였다. 아랍인 기사였기에 망정이지 차를 렌트했다면 어려움을 겪었을 것 같다.

나일 강 줄기를 따라 하류로 3시간을 달려 룩소르에 도착한 승합차가 실망스럽게도 전망 좋은 호텔들을 지나쳐 골목 안에 우리를 내려 주었다.

룩소르의 천황이라는 만도는 호텔 로비에서 1시간여를 기다린 후에야 만났다. 서른 살이 채 안 된 만도는 이마가 훤히 벗겨져 나이보다 훨씬 늙어보였다. 그는 저렴한 가격에 성실하게 관광 안내를 해 주어 한국인 여행객 사이에 입소문이 돌아 이곳에 오는 사람마다 그를 찾게 되었고, 지금은 돈을 많이 벌어 이 지역의 유지가 되었단다. 이집트 사람들은 바가지를 씌우기로 유명한데, 적정한 가격에 관광객들의 구미를 맞춰 주면 평판이 좋아 고객이 줄을 잇게 되니 만도가 현명한 선택을 한 것 같다.

만도는 한국 TV에도 몇 번 소개된 친구로 우리말도 곧잘 한다. 이 친구를 통하면 4성급인 모리스 룩소르 호텔(Hotel Morris Luxor)을 45달러(54,000원)에 예약할 수 있고 3성급 이하는 2만 원 내외에 구할 수 있다. 룩소르의 1일 관광투어 미니버스를 450이집트파운드(9만 원)에 마련해 주고 숙소에서 역으로 가는 교통편도 만도택시를 불러 요금은 자기가 부담하니 기사와 실랑이할 필요가 없다.

그는 한국뿐만 아니라 룩소르에서도 꽤 유명하여 이 친구를 앞세우면 기차역의 짐 검사도 없고 바가지를 쓸 일도 없다. 가끔 자기가 만도라고 떠들며 다니는 사람이 있다는데, 진짜 만도는 열렬히 좋아하는 이효리 사진을 지갑 속에 넣어 다니기 때문에 이것을 확인하면 속지 않는다고 한다.

왠지 낯설고 두려운 아랍권을 여행하는 한국인들이 현지에서 바가지를 씌우지 않고 친절하게 안내하는 사람 넷을 골라 4대 천황으로 정해 놓았는데 이집트의 만도 외에 터키의 헥토르, 시리아의 압둘라, 요르단의 지단이 그들이다. 중동 인근을 여행하는 한국인들이 이 4대 천황을 단골로 찾고 있다.

만도가 소개해 준 룩소르의 한국 식당

풍선을 타고
나일 강 위를 날다

　이튿날 아침 동이 트기 전에 서안으로 향했다. 소형버스로 강 동쪽까지 가서 보트를 타고 나일 강을 건너, 다시 대기하고 있던 소형버스로 갈아타고 들판 길을 달려 열기구 이륙장인 공터에 닿았다. 열기구를 타는 것은 고사하고 뜨고 내리는 것조차 본 적이 없는데, 열기구 체험이 룩소르의 즐길거리라기에 이참에 경험하기로 한 것이다.

　호텔 시설이 썩 좋지는 않았지만 어쨌든 3인 가족이 1박에 미화 45달러였는데 열기구 타는 데는 1인당 100달러, 3인 합이 300달러로 숙박료의 6배였으니 엄청 비싼 요금이었다.

이집트에도 이런 옥토가 있다. 열기구에서 본 나일 강변의 사탕수수 농장

하늘에서 일출을 보고 싶어 서둘렀는데도 기다리는 사람이 많아 나일 강 동쪽 벌판 위로 해가 솟은 후에야 우리를 실은 열기구가 하늘로 날아올랐다. 10m, 20m, 30m… 초록 풍선이 100m가 넘는 상공으로 솟았고 발 아래로 나일 강변 사탕수수밭과 멀리 서쪽으로 황량한 왕들의 골짜기가 보였다.

나일 강 너머 동쪽은 둥근 해가 지평선을 박차고 나오면서 흩뿌려 놓은 빨간 기운이 초록 들판과 하늘에 넘실거리고 있었지만, 강에서 서쪽으로 어느 정도 거리가 멀어지면서 풀 한 포기 없는 황토빛 산악과 모래밭이 끝없이 이어져 있었다.

아침을 먹고 나서 돌아볼 멤논의 거상과 하트셉수트 장제전 그리고 람세스 2세의 신전인 라메세움이 아침햇살을 받으며 우리를 유혹하고 있었다.

아름이의 여행노트

난생처음 열기구를 탔다. 하늘로 100m 이상을 치솟아 아래를 보니 주택이 벌집처럼 엉겨붙어 있었다. 왕들의 계곡 주위는 초록빛이 한 점도 없는 황량한 민둥산이었지만 나일 강 주변에는 엄청나게 넓은 초록 벌판이 안개를 머금고 있어 아름다웠다.

멋진 제복을 입은 열기구 조종사는 파일럿이라고 불렸는데 가스불을 풍선에 불어 넣고 줄을 당겼다 놓으며 높게, 낮게, 동쪽으로, 서쪽으로 자유자재로 운전하는 실력이 대단했다.

열기구를 띄워 올릴 때 열 명도 넘는 사람들이 매달려서 풍선을 붙잡고 도와주더니 내릴 때도 아저씨들이 착륙 예정지 주변에 큰 캔버스를 깔아 놓고 열기구가 땅에 닿자마자 쏜살같이 달려들어 능숙한 솜씨로 풍선을 개는데, 남루한 복장에 땀을 흘리며 일하는 모습이 가여워 보였다.

아빠가 열기구 타는 값이 너무 비싸다고 하셨지만, 일하는 사람들을 보니 돈을 많이 줘야 할 것 같았다.

새벽에 우는 석상

열기구를 타고 하늘에서 보았던 서안의 유적지를 발로 돌아보기 위해 길을 나섰다. 만도가 준비해 준 12인승 승합차에는 운전기사 외에 요청하지도 않은 가이드까지 딸려 있었다. 아랍인인지 흑인인지 애매모호한 외모에 헤잡을 쓰는 시늉만 한 아가씨가 초행길에 안내를 해 주는 것은 좋았지만, 원치도 않는 토산품 판매소에 데리고 가서 시간을 끌고 점심식사를 하라며 이상한 식당에 내려 주고 하는 것은 마땅치 않았다.

나일 강을 건너 제일 먼저 찾은 곳은 이집트 신왕국의 황금기인 기원전 14세기 아멘호테프 3세 때 세웠다는 멤논의 거상이다. 높이 18m의 거대한 석상 한 쌍이 들판 가운데 덩그러니 서 있는데, 이곳은 과거 그리스 로마시대부터 이집트 최고의 관광명소였다고 한다. 트로이 전쟁 때 아킬레스에게 살해된 전설적인 장군 멤논의 상이라고 믿었기 때문이다. 멤논은 에티오피아의 왕으로 여명의 여신 이오스의 아들이라고 전해지는 인물이다.

로마 지배 시절인 BC 27년에 발생한 대지진으로 거상에 금이 가고 일그러졌는데 매일 아침 동쪽 햇살이 석상에 스며들 때면 멤논이 어머니(여명의 신 이오스)를 만나는 것이 반가워 우우워 하고 음악소리를 냈다고 한다. 어머니 이오스 신은 트로이 전쟁에서 죽은 아들이 가엾어 아들을 만날 때마다

멤논의 거상, 룩소르 서안 벌판에 있는 18m의 거상으로 왼쪽 것은 한 개의 돌로 만들어졌으나 오른쪽 것은 이어붙인 것이어서 상대적으로 균열이 심하여 보수공사를 하고 있었다.

눈물을 흘렸는데 그 눈물이 석상을 타고 내려와 나일 강을 적셨다는 전설이 어려 있다.

동상이 세워진 것은 대략 기원전 1,350년경이고 트로이 전쟁은 그보다 200여 년 후에 발발한 것으로 되어 있어 그야말로 전설이지만 로마제국의 셉티무스 세베루스 황제가 거상을 보수한 이후 그 소리를 들을 수 없다고 하니 애석하다.

멤논의 거상 뒤로 아멘호테프 3세의 장제전과 수백 개의 석상이 더 있었고 전체 면적이 카르낙 신전보다 넓었다는데, 지금은 거상 두 개만이 황량한 들판에서 관광객을 맞고 있다.

남자가 되고 싶었던
여왕의 신전

하트셉수트 여왕 장제전은 풍수지리를 잘 모르는 내가 봐도 룩소르 최고의 명당자리인 것 같았다. 마치 포클레인으로 후벼 판 것같이 깎아지른 바위산이 병풍처럼 뒤를 받치고 있고 앞으로는 멀리 나일 강이 유유히 흐르는 전형적인 배산임수 지역에 거대한 장제전이 자리 잡고 있었다.

하트셉수트는 우리가 잘 아는 클레오파트라보다도 1,422년 전인 기원전 1473년에 이집트 최초의 여왕으로 등극한 여인이다. 그녀는 파라오 투트모시스 2세의 왕비이자 이복동생(당시에는 근친혼이 성했다)이었는데 파라오가 요절하고 후궁 소생인 일곱 살배기 투트모시스 3세가 왕위를 이어받자 처음엔 대비마마로 섭정을 하다가 자기가 아문 신의 딸이라고 주장하면서 파라오가 되어 20여 년간 이집트를 통치하였다.

하트셉수트 여왕 시절 이집트는 큰 전쟁 없이 태평성대를 누렸는데 여왕은 평민 출신 재상이며 자신의 든든한 후원자였던 천재 건축가 센무트에게 자신의 신전을 짓도록 하였다. 후일 센무트와 여왕과의 성행위를 묘사한 낙서가 발견되기도 해 둘이 연인관계였다는 주장도 있으나, 어쨌든 센무트는 여왕을 위해 최고로 아름다운 장제전을 건축하였다.

삼면이 석회암산으로 둘러싸인 고즈넉한 분지에 3단 테라스 형태로 지은 장제전은 요즘 고급빌라처럼 계단식의 독특한 구조에 각 테라스의 열주

와 벽면의 그림이 웅장하고 아름다
웠다. 테라스 앞에는 남자의 수염을
붙여 위엄을 과시하고 있는 여왕 조
각상이 서 있고 중앙광장 벽면에는
왕위 계승을 합리화하기 위해 자신
의 신성한 잉태 장면을 그려놓았는
데, 이 벽화는 아직도 고운 색깔을
유지한 채 손님을 맞고 있다.

　기원전 1458년 하트셉수트 여왕
이 죽은 후에 이집트에는 어떤 일이
벌어졌을까. 애당초 아버지 투트모
시스 2세로부터 왕위를 물려받았지
만 의붓어머니이자 고모인 하트셉
수트 대비의 치마폭에 있다가 실질

신전에 있는 하트셉수트 여왕 상.
남자 파라오처럼 인공수염을 붙였다.

적인 왕권마저 빼앗겼던 투트모시스 3세가 정식으로 이집트를 통치했는데,
그는 후세에 '고대 이집트의 나폴레옹'이란 별명을 얻었을 정도로 아시아와
아프리카로 영토를 확장하였고 카르낙 신전 등 여러 신전에 건축물과 정원
을 만들었다.

　그런 그가 하트셉수트 여왕의 장제전에서 그녀의 이름을 모두 지워 버리
고 그녀의 조각상도 부숴 버렸다. 또 아문 대신 아톤(태양의 신)을 주신으로
섬기던 후세의 왕 아케나톤이 아톤 신전을 건축하기 위해 장제전을 훼손했
고 초기 기독교들에 의해 파괴되기도 했으며 지진과 홍수 등으로 폐허가 되
었다.

　1891년부터 6년간 이집트와 폴란드의 고고학자들이 힘을 합하고 지혜를 모
아 문헌을 뒤적여 가며 현장을 발굴하고 복원한 끝에 어느 정도 옛 모습을 갖추
어 관광객들에게 공개하고 있지만, 현재도 보수작업은 계속 진행되고 있다.

하트셉수트 여왕 장제전

여왕의 신전을 관람하고 돌아가는 이집트 여인들

왕들의 골짜기

산 자의 땅 나일 강 동쪽,
호사스런 궁전에서 부귀영화를 누리던 파라오가
저승사자의 부름을 받아 죽은 자의 땅 나일 강 서안으로 길을 떠났다.

풀 한 포기 나무 한 그루 없는 사막의 골짜기
파라오가 살아생전 파 놓은 깊고 음침한 동굴로 들어갈 때
죽음과 소생의 신 오시리스가
사랑과 모정의 여신 하토르가 좌우 벽면에서
이제는 숨을 멈추고 깊은 안식에 들어간 파라오를 위로하였다.

살아서 신이었던 파라오는 죽어도 죽은 것이 아니었으니
저승에서 영원한 삶을 누리는 것이었으니
곤룡포 수라성찬 함께 들여놓고
귀하신 옥체 상하랴 곱게 닦고 삼베에 감아
바다처럼 깊은 동굴 속 지하궁에 정성을 다해 모시었다.

살아서 버리지 못했던 근심걱정 떨쳐 버리고
이제는 억만년 평안을 누리시랬더니
예가 감히 어디라고 도둑 따위가 들어와
금팔찌 은혁대를 도적질해 가고
천하의 못된 것들이 시신까지 들어내 유리관 속에 넣어
뭇사람 앞에 내놓았음에
천하를 호령하던 파라오 영혼의 울부짖음이
쩌렁쩌렁 왕의 골짜기를 흔들고 있다.

파라오의 무덤이 있는 왕들의 골짜기

룩소르는 연평균 강수량이 2.3mm라고 한다. 장마철이면 하루에 200mm도 넘는 비가 오기도 하는 우리나라와는 비교를 할 수 없는 그야말로 일 년에 비가 한 방울밖에 내리지 않는 사막지역이다. 단 한 그루의 나무도 자라지 않는 민둥산에, 바람에 날려 온 흙먼지만 수백 년간 쌓이고 쌓인 왕가의 계곡은 죽음의 땅일 수밖에 없었다.

처음에는 평범한 마을 근처를 능지로 쓰던 파라오들이 이 황량한 계곡을 사후 안식처로 택한 것은 기원전 15세기 전후, 그러니까 지금부터 3,500년 전이었다. 테베에서 한참 떨어져 고립되어 있는 이곳은 적이나 도굴꾼으로부터 방어하기도 쉽고, 테베의 평원에서 보면 해가 떨어지는 곳이어서 당시 이집트인들이 믿고 있던 사후 세계이기도 했기 때문이다.

왕릉은 현재까지 62기가 발견되었는데 18세기 말에 능마다 고유번호를 부여하였다. 제1호 고분은 람세스 7세 능이고 제62호 고분은 저 유명한 투탕카멘의 능이다. 이 중 공개된 것은 10여 기에 불과한데 왕릉 관람권 1매로 3개의 능을 관람할 수 있고, 투탕카멘의 능을 관람하려면 따로 입장권을 사야 한다.

몇십 년 혹은 몇백 년에 한 번 사막에 홍수가 나면 엄청난 물이 왕가의 계곡을 쓸어버리기도 했는데, 그럴 때면 파라오의 능인 동굴 속으로 바윗돌과 토사가 밀려들어와 능을 완전히 막아버리기도 했다. 어떤 능은 수년에 걸쳐 순전히 인간의 노동력만으로 바윗돌과 토사를 끄집어낸 후 진흙더미를 털어내고 닦아내어 현재 일반인에게 공개하고 있는 것이다.

우리는 가이드의 권유로 람세스 1세, 람세스 3세, 람세스 9세의 능을 차례로 보았다. 3천여 년 전 까마득한 옛날, 단군할아버지 적에 만든 무덤으로 들어가면서 나는 놀라 자빠질 뻔했다. 아, 저 그림! 그러니까 저 벽화가 3천 몇백 년 전에 그린 것이란 말이지. 바로 어제 그린 듯 곱고 선명한 저 아름다운 작품을 고대 이집트인들이 만들었단 말이지.

파리 루브르에서 레오나르도 다빈치의 모나리자를 보면서 느끼지 못했던 진한 감흥이 가슴을 뭉클 적셨다. 긴 통로 좌우를 장식한 벽화는 보고 또 보아도 울고 싶도록 경이롭기만 하였다. 통로 끝에 있는 현실(玄室)에 파라오는 없었다. 부장품은 도굴당하고 파라오의 미라는 박물관에서 동물원의 원숭이처럼 이웃나라 먼 나라 사람들의 구경거리가 되어 있는 것이다.

파라오 무덤의 입장권. 티켓 1매로 3개의 능을 관람할 수 있다.

고분을 3개밖에 보지 못했는데 입장권을 2장 사서 6개 정도 관람하고, 가장 작지만 유일하게 도굴당하지 않아 부장품이 고스란히 발견된 투탕카멘의 능까지 보았더라면 하는 아쉬움이 남았다. 골짜기의 왕릉 중 가장 깊은 곳에 있고 또 규모도 제일 큰 것 중의 하나인 람세스 9세 능을 관람한 것이 그나마 다행이었다.

아름이의 여행노트

경주에서 본 신라시대의 고분이나 서울 근교에서 본 조선시대 왕릉은 봉분이 높은 것이 특징이다. 그런데 이집트의 무덤은 모두 동굴 속에 있다. 룩소르의 나일 강 서안에는 왕들의 무덤이 있는 왕의 골짜기, 왕비들의 무덤이 있는 왕비의 골짜기 그리고 귀족의 무덤 단지가 있는데 모두 나무나 풀이 전혀 자라지 않는 벌거벗은 산 아래 굴을 파고 만든 것이었다. 왕들의 무덤과 왕비들의 무덤을 완전히 분리해 놓은 것도 우리나라와 달랐다.

왕의 시신은 수십 미터 굴을 파고 그 안에 매장하였는데 안치 장소까지 가는 통로 양쪽의 벽화가 최근에 그린 것처럼 생생했다. 이집트의 왕들은 왕위에 오르는 순간부터 자신이 죽은 후에 묻힐 장소를 미리 정해 놓고 몇십 년에 걸쳐 무덤을 만들어 놓았다가 생명이 다하면 그곳에 묻혔다고 한다. 그러니까 이 무덤들은 왕들이 죽은 후 신하나 후손들이 만든 것이 아니고 왕 자신이 살아생전에 만들어 놓은 것들이다.

룩소르 신전의
외톨박이 오벨리스크

산 자의 땅 룩소르 동안에는 여러 개의 신전이 있다. 그 중 대표적인 룩소르 신전과 카르낙 신전을 둘러보았다. 룩소르 신전은 하트셉수트 여왕이 테베의 3신인 아문(Amun), 무트(Mut), 콘스(Khons)를 모시기 위해 지은 것이다. 원래 아문은 테베의 지방신이었는데 테베가 이집트 왕국의 수도가 되면서 태양신 라(Ra)와 결합되어 최고로 추앙받는 신이 되었고, 무트는 아문의 아내로 여신 중의 우두머리이며, 콘스는 아문과 무트 사이에서 태어난 아들로 달(月)의 신이다.

신전 입구에 들어서자 스핑크스가 군 의장대처럼 좌우에 도열해 있고 제1탑문 옆에는 거대한 람세스 2세 조각상과 붉은색의 장엄한 오벨리스크가 버티고 있다. 람세스 조각상은 좌상 2개, 입상 4개, 모두 6개였는데 지금은 좌상 2개와 입상 하나만 겨우 남아 있다.

위로 올라가면서 점점 가늘어지는 사각형 기둥으로 끝이 피라미드 모양인 오벨리스크는 고대 이집트 조각예술의 진수로 태양신 라를 상징하며, 이집트인들은 그 안에 신이 존재한다고 믿었다. 현대의 오벨리스크는 큰 돌 몇 개를 이어서 만들지만 이집트의 오벨리스크는 통째로 돌덩이를 다듬어 겉면에 왕의 업적과 전공을 찬양하는 내용의 상형문자를 아름답게 조각해 놓았다.

룩소르 신전의 오벨리스크   파리 콩코르드 광장의 오벨리스크

원래 룩소르 신전 제1탑문 앞 좌우에 쌍으로 서 있었으나 한쪽 것이 1831년 프랑스로 보내졌고 이후 지금까지
파리 콩코르드 광장에서 타향살이를 하고 있다.

원래 오벨리스크는 신전 입구 탑문 좌우에 쌍으로 세우는 것인데 룩소르 신전 제1탑문에는 오른쪽에 오벨리스크 한 개가 외롭게 서 있다. 왼쪽에 서 있어야 할 오벨리스크는 뿌리째 뽑혀 머나먼 프랑스 콩코르드 광장으로 보내졌다. 그러니까 콩코르드 광장에서 샹젤리제 거리와 개선문을 바라보며 고독하게 서 있는 오벨리스크의 고향이 바로 이곳이다. 고대 이집트의 오벨리스크는 총 29개가 남아 있는데 이 중 9개만 이집트에 있을 뿐 나머지는 이탈리아, 프랑스, 영국 등 외국 땅으로 강제 이주되어 서러운 타향살이를 하고 있다.

탑문을 지나자 넓은 안뜰이 나오고 제2탑문을 지나자 거대한 석주가 늘어서 있는 통로가 나왔다. 기둥 사이를 통과하니 다시 안뜰과 열주실이 나왔고 맨 안쪽에 아문 신의 지성소가 있었다. 사실 지성소보다는 안뜰이나 통로

룩소르 신전의 열주

좌우에 있는 거대한 돌기둥에 매료되었다. 이 지역에 있는 석회암은 재질이 약하기 때문에 신전을 지을 때 아스완의 채석장에서 캐낸 화강암을 나일 강에 뗏목을 띄워 운반해 왔다고 한다. 오직 사람 손으로 돌을 깨고 다듬고 운반하여 이토록 웅장하고 아름다운 신전을 세운 고대 이집트인들의 기술이 놀랍기만 하다.

사람은 움집에서
신은 신전에서

룩소르 신전에서 나일 강을 따라 상류 쪽으로 4km 정도 올라가면 이집트 최대의 신전 카르낙이 있다. 이집트에서 볼거리 중 단 하나를 추천하라면 주저 없이 카르낙 신전을 꼽고 싶다. 시기적으로는 기자의 피라미드보다 1천 년 뒤지지만 웅장함이나 예술성은 훨씬 뛰어나다.

바위를 30년간 깎아서 만든 아부심벨도 훌륭하지만 지상에서 200년 동안 갈고 다듬어 지은 거대한 카르낙 신전은 크기나 정교함에서 그것과 비교할 수가 없다. 신전의 대지가 자그마치 26만㎡에 제1탑문은 룩소르 신전 것의 두 배다. 단지 내에는 주신인 아문과 무트, 콘스 외에 신격화된 세티 2세, 람세스 2세, 람세스 3세 등 파라오를 모셔 놓은 신전이 10개나 되었다.

어른이 두 팔을 벌려 잡아도 열 아름이나 되는 기둥 8개를 포함하여 7층 긴물 높이의 기둥 134개가 서 있는 내널주실에는 아예 기가 질렸다. 열주에 새겨 놓은 조각과 상형문자의 아름다움만으로도 숨이 막히는데, 이 수많은 열주가 건축 당시에는 밝은 빛이었고 이것들이 천장을 떠받치고 있었다니 그때는 얼마나 웅장하였을까.

입구에는 룩소르 신전처럼 스핑크스가 양옆에 당당하게 도열해 있는데 룩소르 신전의 스핑크스는 머리가 사람인데 반해 카르낙 신전의 스핑크스는

세계 최대인 카르낙 신전의 열주와 열주에 새겨진 조각

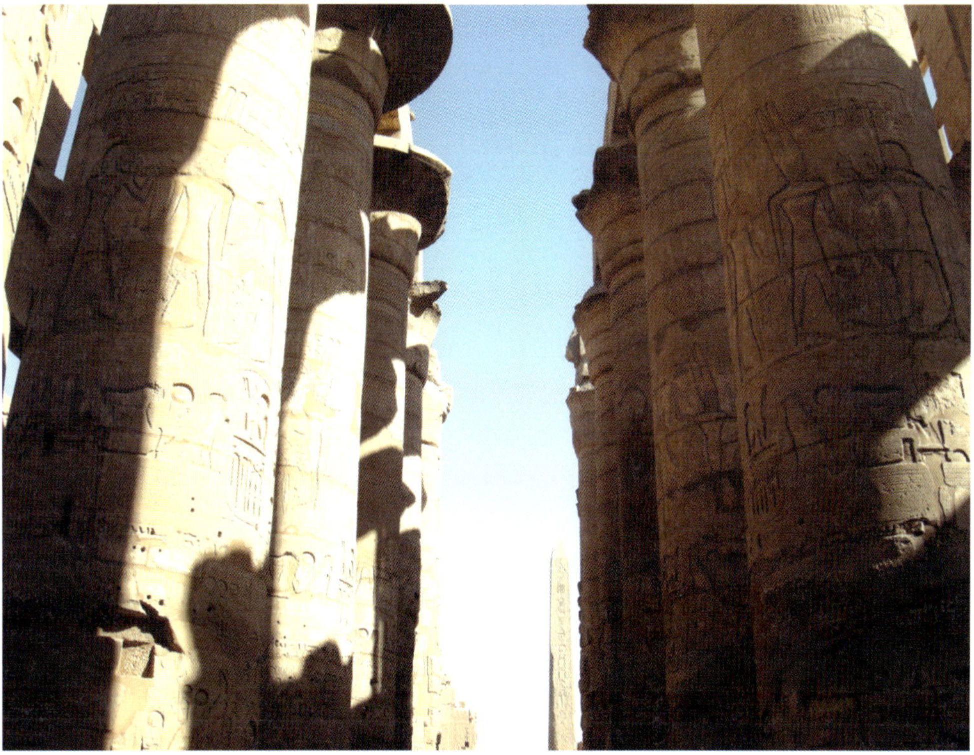

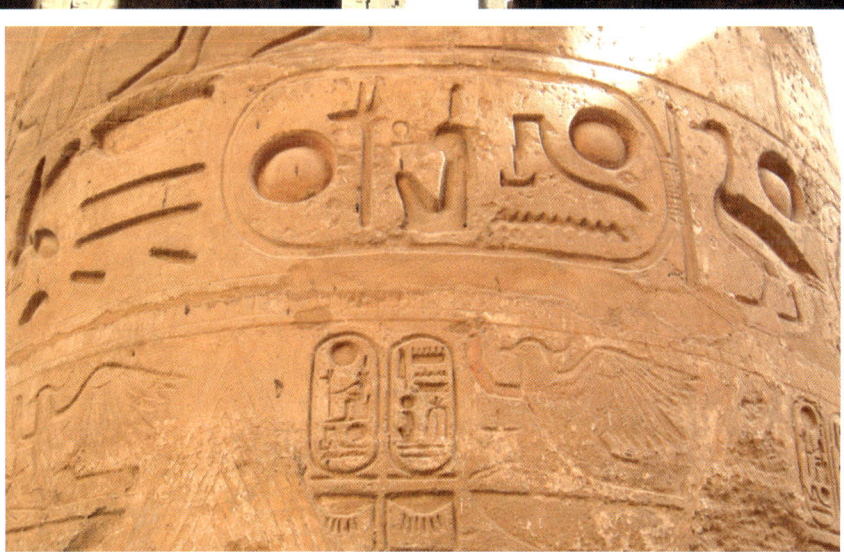

양(羊)인 것이 특이했다. 건축 당시에는 이곳 입구에서 나일 강까지 운하로 연결되어 있었고 스핑크스가 도열한 길이 룩소르 신전과 카르낙 신전을 잇고 있었다고 한다.

지금도 움집 같은 초라한 집에서 살고 있는 이집트인들이 수천 년 전에는 지금보다 더 허름한 집에서 살았을 것이 분명한데, 신의 집은 이렇게 어마어마하게 지었으니 신을 창조한 것이 인간이거늘 자신들이 만든 신을 섬기고 복종하면서 이토록 거대한 신전을 만든 까닭은 무엇이었을까.

아름이의 여행노트

나는 이집트 하면 피라미드만 생각했지 신전은 미처 생각하지 못했다. 그런데 룩소르라는 도시에서 엄청 큰 신전을 보았다. 카르낙 신전은 그리스의 파르테논 신전보다 900년, 로마의 콜로세움보다는 1,400년 정도 앞선 기원전 14세기에 지어졌다는데 크기나 아름다움이 그것들과 비교했을 때 조금도 뒤지지 않는다고 한다. 나는 아직 그리스나 이탈리아는 가 보지 않았지만 이미 그곳을 다녀온 아빠나 아빠 친구들도 카르낙 신전의 규모나 예술성에 감탄하셨다.

그런데 왜 지금 이집트는 이렇게 못살고 집들도 허름한 것일까? 차를 타고 다니면서 창밖으로 보면 집들이 꼭 짓다가 만 것처럼 엉성하고 지저분했다. 저곳에 과연 사람이 살고 있을까, 빈집이겠지 하고 가만히 보면 빨래가 널려 있고 사람들이 보였다. 이토록 찬란한 문화를 가지고 있는 민족도 세월이 흐르면 나약해질 수 있고 기술도 뒷걸음질 칠 수 있다는 사실을 배운 것 같다.

프라이드 치킨을
먹고 싶은 스핑크스

룩소르에서 야간 침대열차를 타고 다시 카이로로 왔다. 이집트 하면 떠오르는 피라미드는 바로 카이로 교외의 기자에 있다. 지금부터 4,500여 년 전 까마득한 옛날에 2.5톤이나 되는 돌을 230만 개나 쌓아 만든 불가사의한 건축물, 멀리서 피라미드가 얼핏 보일 때부터 나의 가슴은 콩닥콩닥 뛰었다.

그런데 이것이 무엇인가? 넓은 사막 가운데 우뚝 솟아 있을 줄 알았던 피라미드가 허름하고 지저분한 주택가 뒤에 숨어 있다니! 세계 도처에서 저 장엄한 피라미드를 보려고 사람들이 모여들고 있건만 도로는 비포장에다 주변은 장사치와 쓰레기로 난장판이었다.

피라미드 주변 환경에 실망을 하면서 들어섰는데 입구 검표원이 우리를 더욱 헷갈리게 했다. 입장이 무료인 어린이 한 명을 제외한 7명의 입장권을 검표원이 확인하고 다시 돌려주었는데 표가 6장이었다. 검표원이 한 장을 더 구해 오라고 큰소리쳤지만 금액을 따져보니 7장을 산 것이 분명하여 따졌더니 관리자를 불러왔다. 가재는 게 편이라고, 관리자도 한패거리여서 빨리 한 장을 구해 오라고 성화였다.

우리가 검표원이 한 장을 빼돌렸다고 강력히 항의하며 검표원의 주머니를 뒤지려고 하자 관리자가 보안요원에게 대들면 안 된다며 주의를 주었다. 세수를 했는지 안 했는지 꾀죄죄한 얼굴에, 범인을 잡기는커녕 오히려 잡혀 갈 것같이 생긴 녀석이 보안요원이란다.

기자의 피라미드 중 가장 큰 쿠프 왕 피라미드

우리가 가소롭다는 표정을 지으며 윽박지르니까 표를 회수하더니 한 장씩 다시 나눠 주었는데 이번에는 7장이었다. 오히려 관리자가 눈을 동그랗게 뜨면서 "7명이 7장, 딱 맞는데 무엇이 문제니?" 하고 묻는 것이 아닌가. 이 녀석들이 한 장을 빼돌릴 때는 언제고 감쪽같이 도로 집어넣은 까닭은 무엇인가. 속은 것을 알았지만 뒤도 돌아보지 않고 피라미드로 향했다.

기자에는 쿠프, 카프레, 멘카우레, 세 왕의 거대한 피라미드와 크기가 작은 왕비, 공주의 피라미드 몇 개가 단지를 이루고 있다. 시기적으로 가장 앞선 쿠프 왕의 피라미드가 146m(현재는 137m만 남아 있다), 그의 아들인 카

프레 왕의 것이 136m, 카프레 왕의 아들인 멘카우레 왕의 것이 65.5m(현재
는 62m)다. 건축 당시에는 겉면 화강암이 유리면처럼 매끄러웠다는데 후손
들이 떼어가기도 하고 4,500년 풍상에 닳고 닳아서 울퉁불퉁한데다 꼭짓점
도 많게는 9m까지 허물어졌다.

피라미드 내부를 보고 온 사람들로부터 입장료가 아까웠다는 말을 들었
지만, 언제 다시 올까 싶기도 하고 아름이에게 도움이 될 것 같아 카프레 왕
의 피라미드 내부를 관람하였다. 좁은 통로에 퀴퀴한 냄새가 코를 찌를 뿐
정말로 아무것도 없었다. 가장 안쪽 현실에 들어가니 꼭 무덤 같아 여기가
왕의 미라가 있었던 곳이구나 했는데, 미라가 발견되지는 않았고 왕의 무덤
이라는 결정적인 단서는 아직까지 없다고 해서 어리둥절하였다.

거의 모든 사람들이 피라미드를 왕의 무덤이라고 믿고 있고 많은 학자들
의 주장 역시 그러하지만, 왕의 무덤이 아닌 다른 목적으로 건축되었다고 주
장하는 사람들도 있는 모양이다.

어쨌거나 한 변의 길이가 230m, 밑변 둘레가 921m나 되는 쿠프 왕 피라미드의 가로 세로 오차가 거의 없으며 수천 톤이나 되는 무거운 돌덩이가 위를 짓누르는데도 이를 분산시켜 넓은 현실을 안전하게 확보한 기술에는 현대 토목기술자나 건축가들이 놀라고 있다.

카프레 왕의 피라미드 바로 앞에 장제전이 있고 장제전 정면 수백 미터 떨어진 곳에 스핑크스가 있는데, 오랜 세월 풍상에 마모되어 시멘트 덩어리 같은 몸통의 뒷모습에서 위엄은 찾아볼 수 없었다.

길을 따라 내려가 정면에서 스핑크스를 바라보니 피라미드를 배경으로 조금은 위용이 드러나기도 했지만 코가 떨어져 나가고 얼굴 전체가 심하게 마모되어 있었다. 코는 11세기에서 15세기에 이르는 동안 아랍 순례자들이 망치로 부수었고 떨어져 나간 턱수염의 일부는 런던 대영박물관에 전시되어 있다고 한다.

아름이의 여행노트

"아름아, 스핑크스가 뭘 쳐다보고 있는지 아니?"

피라미드와 스핑크스 구경이 끝날 때쯤 아빠가 나에게 물으셨다. 그것까지 미처 공부를 못해서 그냥 스핑크스의 눈길이 머무는 곳으로 내 시선을 옮겨보니 그곳에 KFC 간판이 있었다.

"KFC를 바라보고 있네요."

아빠는 껄껄 웃으면서 스핑크스는 춘분과 추분에 정확하게 동쪽에서 뜨는 해를 맞이한다고 하셨다. 피라미드를 만든 것도 그렇고 스핑크스의 방향을 배치한 것도 그렇고 4,500년 전 이집트 사람들의 과학은 보면 볼수록 알면 알수록 놀랍다.

이날 점심은 KFC에서 치킨을 먹었는데 2층 창 밖을 보니 스핑크스도 배가 고픈지 우리를 물끄러미 바라보고 있었다.

머리가 쭈뼛 서는
이집트 박물관

카이로의 거리처럼 이집트 박물관도 복잡하고 혼란스러웠다. 아침 일찍 갔는데도 관광 성수기인 2월이어서 엑스레이 검색대와 표 사는 곳에 줄이 끝없이 늘어서 있었다. 시간이 없는 사람들은 얼른 들어가서 2층에 있는 투탕카멘(투탕카문 또는 투탕카몬으로 부르기도 함)의 황금마스크만 보고 나오고, 시간이 조금 있는 사람은 우선 투탕카멘의 황금마스크를 보고 박물관 전체를 둘러본 후 다시 투탕카멘 전시관으로 가서 황금마스크를 한 번 더 보고 나온다.

이집트 신왕국의 파라오들은 테베(지금의 룩소르)에서 나일 강을 건너 서쪽 불모의 지역에 그들의 영원한 안식처를 만들었으니 이것이 현재 왕들의 골짜기로 알려진 62기의 고분군이다. 도굴꾼을 피해 깊고 깊은 계곡에 사후의 집을 지었고 매장 후에는 입구를 봉한 후 경비병이 삼엄하게 지켰지만, 세월이 흐르면서 도굴을 당해 금은보화를 몽땅 털렸다.

1922년 도굴꾼의 손이 미치지 않은 무덤 하나가 영국인 하워드 카터에 의해 발굴되어 전 세계를 놀라게 하였다. 이것이 곧 제62호 고분 투탕카멘의 무덤이다. 사실 투탕카멘은 기원전 14세기에 단 9년 동안 통치를 하다가 18세에 요절한 별 볼일 없는 왕이었고 그의 무덤 역시 왕들의 계곡에 있는 무덤 중 가장 작다고 한다. 너무 일찍 죽어서 그의 무덤은 채 만들지도 못하였고 당시 세력가의 무덤을 급히 개조하여 매장하였다는 주장도 있다.

투탕카멘의 무덤에서는 미라에 씌웠던 황금마스크를 비롯해 엄청난 양의 보물이 쏟아져 나왔다. 어떤 이는 이집트 박물관을 투탕카멘 박물관이라고도 한다. 투탕카멘의 무덤에서 발굴한 1,700여 점의 유물은 이집트 박물관 2층 투탕카멘실에 전시되어 있고 이곳은 발 디딜 수 없을 만큼 많은 관람객들로 붐빈다. 그리 대단치 않았던 투탕카멘의 무덤에서 나온 보물들이 이러한데 당대 최고의 권력을 누리며 도처에서 용맹을 떨쳤던 파라오의 무덤에 매장된 보물은 어떠하였을까 짐작이 가고도 남는다.

파라오의 무덤에 함께 매장된 금은보화는 거의 다 도둑맞았지만 미라는 대부분 보존되었다. 이집트 박물관에 있는 왕들의 미라실에는 이집트 왕국 전성기의 파라오와 왕비의 미라 11구가 유리관 속에 안치되어 있다.

1902년에 지어진 이집트 박물관. 기자에 대이집트박물관(Grand Egyptian Museum)을 건축하여 유물을 모두 그쪽으로 옮길 예정이라고 한다.

고대 이집트의 나폴레옹이라는 별명이 붙은 정복군주 투트모시스 3세와 아시아를 정벌한 세티 1세, 그의 아들로 67년간 권좌에 있었던 람세스 2세 등 당대 최고의 파라오가 모두 한방에서 잠자고 있다.

고고학자들의 연구에 따르면, 그 용맹한 세티 1세는 키가 150cm밖에 되지 않았고, 람세스 5세 얼굴에는 작은 수두 자국이 있으며, 투트모시스 4세 귀에는 귀걸이를 거는 구멍이 있다고 한다.

아름이의 여행노트

이집트 박물관에는 돌로 만든 관과 미라가 가득했다. 전시실의 유물도 대부분 무덤에서 출토된 것들이어서 박물관이 아니라 무덤 속에 들어와 있는 것처럼 으스스했다. 그렇지만 번쩍이는 장신구와 아름다운 조각작품들에는 눈이 휘둥그레졌다.

가장 감명 깊게 본 것은 투탕카멘의 황금마스크였다. 순금이 15kg이나 사용되었다는데 수천 년 전의 것이라고 믿을 수 없을 만큼 화려하고 정교했다. 황금가면은 파라오의 상징인 인공수염을 붙이고 코브라 장식의 왕관을 쓰고 있었는데 룩소르 왕들의 계곡에 있는 투탕카멘의 무덤을 발굴할 때 나온 것으로 3,300여 년 전에 만들어졌다고 한다. 투탕카멘 전시실에는 황금마스크 외에도 나무로 된 투탕카멘의 가면, 전신상, 전차, 가발상자와 같은 많은 유물이 있었다.

엄숙 고요 야단법석의
카이로 회교 사원

무하마드 알리 사원

내가 중학교에 다니던 시절 클레이라는 미국의 유명한 프로복서가 있었다. 핵주먹 조지 포먼과 세계 헤비급 타이틀을 주거니 받거니 하던 흑인 복서인데, 독실한 이슬람 신자였던 그는 무하마드 알리라는 이름으로 개명하고 링에 올랐다. 그런데 카이로에서 가장 크고 엄숙한 회교 사원의 이름이 바로 무하마드 알리였다.

이 사원은 카이로 시내가 한눈에 보이는 시타델이라는 요새에 있는데, 12세기 십자군전쟁 당시 이집트 무슬림들이 십자군에 대항하던 거점이었다고 한다. 사원 이름은 19세기 초 오스만 왕조 시대의 지도자로 독립 이집트의 기틀을 마련하였다는 무하마드 알리에서 따온 것인데, 복싱선수 무하마드 알리도 이 분의 이름을 따라서 개명한 건 아닐까.

언덕 위에 우뚝 솟은 거대한 돔과 미나렛은 이스탄불의 블랙모스크와 비슷한 모습으로 웅장하였지만 내부 장식은 무척 소박했다. 유럽 대부분의 대성당이 성모 마리아 상과 화려한 천장화, 장식기둥, 파이프오르간 등으로 치장한 데 반해 사원 내부는 아무 장식 없이 밋밋했다. 홀이 넓고 샹들리에가 많기는 하지만 일반 가정집의 백열전구보다 조금 나은 수준이었다.

무하마드 알리 사원 외에도 아흐마드 이븐 툴른 사원, 후세인 사원 등 몇 개의 사원을 더 보았는데 겉모양에 비해 내부는 초라했다. 기도하는 장소일 뿐 벽면이나 천장을 호화롭게 장식하거나 특정인의 상을 만들어 놓지 않는 것이 이집트 회교 사원의 특징인 것 같다. 스페인 그라나다에 있는 알함브라 궁전의 화려한 모습이 뇌리에 남아 있어 단순 소박한 이집트 사원은 의외였다.

금요일이어서 사원은 참배객들로 북적였다. 신발을 벗고 사원에 들어가 무릎 꿇고 기도하는 사람도 많았지만 뜰에서 노래 부르며 신명나게 춤을 추는 신자들도 상당수였다. 엄숙 고요와 야단법석이 한데 어우러진 카이로의 회교 사원이었다.

카이로의 밤은 깊어

이집트에서의 마지막 밤이 왔다. 시내 남쪽 나일 강변에 있는 한국 식당에서 얼큰한 김치찌개를 먹었더니 컬컬한 사막의 모래가 확 쓸려 내려가는 느낌이었다. 오래간만에 한국 음식을 먹은 아름이도 마냥 좋아했다.

이집트 사람들에게 속고 속아 나중에는 뚜껑이 열렸다는 친구, 카이로 공항을 떠나며 '살아서 돌아가는구나!' 하고 안도의 한숨을 내쉬었다는 또 다른 친구의 말에 잔뜩 겁을 먹고 왔지만 여행 내내 큰 어려움은 없었다.

세계사 시간에 배운 이집트 문명의 어렴풋한 기억과 피라미드에 대한 환상, 세계의 역사를 바꾼 클레오파트라에 대한 짧은 지식이 전부였는데 여행 준비를 하면서 이집트에 대해 많은 것을 배웠다. 서쪽 리비아에서 동쪽 유프라테스 강까지, 그리고 북쪽 시리아에서 남쪽 수단에 이르기까지 광대한 영토를 정복한 투트모시스 3세, 세티 1세, 람세스 2세 등 유명한 파라오의 무용담과 하트셉수트 여왕의 권력욕, 그리고 람세스 2세와 네페르타리 왕비의 사랑 이야기는 그야말로 흥미진진하였다.

얻는 것이 있으면 또한 잃는 것도 있는 법. 은근히 아름이가 걱정됐다. 잠깐 눈을 붙인 후 공항으로 이동하는 차 안에서 물었다.

12세기 십자군전쟁 때 이집트 무슬림들이 기독교도들과 사투를 벌였다는 시타델 요새

"아름아, 이번 여행 재미있었니?"

"짱이었어요. 여태까지 여행한 것 중에 최고였어요. 그 중에도 사막과 왕들의 골짜기에 있는 벽화가 정말 좋았어요."

그럼 됐다. 남들 공부하는 시간에 사막을 돌아다녔대서 그것이 꼭 손해겠는가? 사막에 나란히 누워 캄캄한 밤하늘에 금가루를 흩뿌려 놓은 듯 반짝거리던 무수한 별보석을 바라볼 때 우리는 얼마나 행복하였더냐.

02

대영제국의
흔적을 더듬다

영국

여름 축제의 도시
시드머스

영국 남서부 데번 주에 있는 작은 해안도시 시드머스는 내가 가장 좋아하는 영국 도시 중 하나다. 이곳 주민의 40%는 65세 이상의 노인으로 날씨 좋고 경치 좋고 범죄가 없어 은퇴한 사람들이 골프를 치고 해변에서 산책하며 한가롭게 사는 동네다. 내가 이 도시를 좋아하는 이유는 빼어난 자연경관과 매년 개최되는 시드머스 음악 축제 때문이다.

자연경관으로 말하면 잉글랜드 유일의 유네스코 지정 세계자연유산이 있는 곳이니 더 말해 무엇할까. 데번 주 동쪽 해안은 거제도 해금강처럼 절경의 연속이다. 해안의 기암괴석은 온통 황토빛을 띠고 있는데 이 절벽은 1억 5천만 년 전 쥐라기 시대에 형성된 것으로 2001년 유네스코에서 세계자연유산으로 지정하였다. 찰흙 빛깔의 절벽이 해안을 따라 수십 미터 낭떠러지를 이루고 있고 바다 한가운데에도 기이한 형상의 바위가 우뚝 서 있어 꼭 훌륭한 조각가가 심혈을 기울여 만든 작품 같은데, 이것이 절로 생겨난 것이라니 신의 조화가 과연 놀랍다.

매년 8월 첫째 주가 되면 세계 각국의 예술가들과 주변의 아마추어 음악가들이 이 도시에 모여 한바탕 축제를 벌이는데 이것이 시드머스 관광의 백미다. 이때가 되면 시내 공터에 초대형 천막 공연장을 설치하고 유서 깊은

잉글랜드 유일의 유네스코 지정 세계자연유산인 시드머스 인근 쥐라기 해안

시드머스 해변

시드머스 성당도, 각 호텔 로비나 야외 카페도 공연장으로 이용한다.

한 영국인 공연가를 만났다. 그는 부산에서 일을 하고 있는데 해마다 시드머스 축제에 참가한다고 했다. 이런 사람들이 모여서 축제를 여는 것이다. 축제의 하이라이트는 시드머스 주민들의 퍼레이드다. 빅토리아식 건물이 늘어서 있는 해변 도로를 따라 아코디언 악단이 지나가고, 영국 병정이 지나가고, 포크댄스를 흥겹게 추는 아줌마 부대가 지나가고, 몽둥이춤을 추는 흑인 분장의 남정네들이 지나가고, 민속 의상을 입은 사람들이 모두 제멋에 겨워 흥겹게 춤을 추며 지나가는데, 보는 이의 어깨가 절로 들썩거려진다.

해안 절벽과 음악 축제가 대단한 볼거리인 시드머스는 8월에 한 번쯤 들러 아름다운 추억을 만들어 볼만한 도시다.

"사진 좀 찍어도 될까요?" 카메라를 들이대자 퍼레이드에 참가한 춤꾼 한 무리가 우르르 몰려와 포즈를 취해 주었다.

　　아빠 덕분에 런던 같은 대도시가 아닌 조그만 해안도시 시드머스에 갔는데 참 재미있었다. 특히 이곳 주민들이 펼친 가장행렬은 우리나라 롯데월드나 에버랜드에서 본 퍼레이드보다 훨씬 흥미로웠는데 친구들에게 보여 주지 못하는 것이 무척 안타까웠다.

　　가장행렬에 참석한 사람 중에 부산에서 일하고 있다는 영국 아저씨도 만났는데, 무릎에 차고 있는 방울을 달라고 하니까 선뜻 풀어서 주었다. 가장행렬을 끝낸 주민들이 해변과 시내 곳곳에서 춤추고 노래하며 관광객과 어울려 노는 모습이 우리나라의 강강술래를 보는 것 같았다.

시드머스 음악 축제 퍼레이드와 길거리 공연

미국 역사
여기서 발원하다

우리나라에는 제물포, 목포, 삼천포 등 포(浦)자로 끝나는 항구도시가 많은데 영국의 해안도시들도 끝부분에 mouth를 달고 있다. 바다를 향해 입(mouth)을 벌리고 있는 강 어귀에 도시가 형성되었기 때문에 그렇게 지은 것이다. 이 mouth는 '마우스'로 읽지 않고 '머스'로 발음한다. 영국 남서부 해안에는 포츠머스, 본머스, 시드머스, 엑스머스, 팔머스 등 머스가 붙어 있는 도시가 많다.

플리머스가 다른 항구보다 유명한 이유는 청교도들이 메이플라워 호를 타고 신대륙 미국을 향해 떠난 바로 그 항구요, 16세기 오대양을 주름잡던 스페인의 무적함대 '아르마다'를 물리친 드레이크 제독의 해군기지가 있던 곳이기 때문이다.

1620년 9월 6일 메이플라워 호가 출항했다는 메이플라워 스텝스에 섰다. 청교도를 태운 미국 이민선 두 척은 당초 사우스햄턴에서 출항했다. 그런데 이름만 보면 매우 빠를 것 같은 스피드웰(Speedwell) 호가 너무 낡은 데다 배에 구멍이 나서 항해를 할 수 없게 되자 한 달 후에 메이플라워 호 한 척만 외롭게 이곳에서 다시 출발하게 된 것이다.

종교의 자유와 신대륙 개척이라는 꿈을 안고 배에 오른 102명의 청교도들은 대서양의 거친 파도와 배고픔을 이겨내며 두 달간 항해한 끝에 북아메리카 동북부의 케이프 콧에 상륙하여 황무지를 일구고 물고기를 잡으며 정착에 성공하였다. 거기서 발원한 미국은 400년이 채 되지 않은 지금 인구도 영국의 4배가 넘고 부에 있어서는 견줄 수 없을 만큼 초강대국이 되었다.

한국에 이순신 장군이 있다면 영국에는 드레이크 제독이 있다. 1588년 드레이크 제독은 스페인의 무적함대 아르마다와 결전하기 위해 이곳 플리머스를 출발했다. 그리고 130척의 스페인 무적함대 '아르마다'를 추적하여 영국 도버와 마주보고 있는 프랑스 칼레에서 삼국지의 적벽대전과 흡사한 화공으로 박살을 냈다. 그때 격침시킨 스페인 군함이 51척인데 영국 군함은 단 한 척의 손실도 없었다고 하니, 이순신 장군이 전선 13척으로 왜선 133척을 격파한 9년 후(1597년)의 명량해전과 견줄 만하다.

이후 제해권을 완전히 장악한 영국은 세계 영토의 4분의 1을 통치하며 해가 지지 않는 대영제국의 번영을 누리게 된 것이다.

역사적인 선창을 떠나 서쪽 해변 길로 향하니 1670년에 건설했다는 거대한 요새가 앞을 가로막는다. 높은 성채와 망루가 있고 커다란 대포도 있

메이플라워 호가 신대륙을 향하여 출발한 플리머스 항구

다. 요새 옆 초원 위에 우뚝 솟아 있는 스미턴 등대에 입장료를 내고 좁은 통로를 따라 93계단을 오르니 초원과 절벽 너머로 요트의 하얀 돛이 바다를 덮고 있다. 플리머스 전경을 한눈에 담을 수 있는 최고의 전망 포인트였다.

그런데 이 등대는 장식품일 뿐 불을 밝히지는 않는다. 원래는 이곳에서 22km 떨어진 바다 한가운데 솟아 있는 에디스톤이라는 암초 위에서 120년 동안 불을 반짝이며 길 안내를 했는데, 그 자리에 새로운 등대가 세워지자 기존의 등대를 세웠던 스미턴의 후손들이 이를 운반해 와서 이 언덕에 세운 것이란다. 절해고도에 있던 유인 등대라서 좁은 통로 한쪽에 침실도 있고 세면대도 있었다. 망망대해의 작은 암초에 솟아 있는 외로운 등대에서 오직 파도와 갈매기와 밤하늘의 별들만이 벗이었을 등대지기의 애처로운 마음이 가득 배어 있는 것 같았다.

아름이의 여행노트

영국 청교도들이 메이플라워 호를 타고 신대륙으로 건너가서 미국이라는 나라를 건설하였다는 것은 영어 시간이나 세계사 시간에 배웠다. 바로 그 메이플라워 호가 출발한 플리머스 항에 온 것이 가슴 뿌듯했다.

그런데 한 가지 궁금한 것은, 영국은 섬나라이고 우리나라는 삼면이 바다여서 두 나라의 지리적 조건이 비슷한데 우리 조상들이 배를 타고 태평양을 건너가 미국에 나라를 세웠다면 어떻게 됐을까? 그랬다면 아메리카 대륙에도 한국인의 후손이 살고 있을 것이고 당연히 그들이 사용하고 있는 한국어가 세계어가 되있을 텐데.

메이플라워 호가 떠난 것이 조선 선조 때 이순신 장군이 활약하던 시절이니 우리나라의 배 만드는 기술도 뛰어나지 않았을까. 아빠에게 이 이야기를 하였더니 '역사에는 가정이 없다'고 하신다.

천혜의 항구
다트머스

다트머스 항

다트머스는 영국에서 여름 경치가 아름답기로 손꼽히는 항구도시다. 수심이 깊으면서 내륙 깊숙이 들어온 만을 가진 천연 요새로 2차 세계대전이 한창이던 1944년에는 노르망디 상륙작전에 참가한 400척이나 되는 군함이 머물다가 출동한 곳이기도 하다.

엘리자베스 2세 영국 여왕의 아버지 조지 6세 국왕과 여왕의 아들 찰스 왕세자가 다녔다는 왕립 해군사관학교도 이 도시에 있다. 전쟁이 끝나고 65년이 흐른 지금 드넓은 만에는 군함 대신 요트가 가득하다.

다트머스 만 입구에는 1841년에 건설하기 시작해 12년 만에 완성한 다트머스 성이 있어 똑딱선을 타고 가 보았다. 이 성은 국왕이나 귀족의 저택 또는 별장인 다른 성들과는 달리 여러 문의 대포가 먼 바다를 향해 포신을 겨누고 있는 요새다. 포성이 멎은 지 오래, 이제는 잔잔한 강물 위로 갈매기가 유유히 날갯짓 하고 하늘과 땅과 바다가 모두 평화 속에 낮잠을 즐기고 있다. 강의 끝, 바다가 시작되는 곳에 있으니 경치는 말해 뭣하랴. 부근의 절벽과 어우러진 성채가 한 폭의 그림이다.

시내로 돌아올 때는 배를 타지 않고 해안도로를 걸어서 왔다. 뱃길보다 멀어 다리가 아팠지만 아름다운 풍광을 제대로 즐겼다. 그동안 다녀본 다른 항구와는 비교가 되지 않을 만큼 많은 요트가 계류되어 있고 크루즈 유람선도 항구에 닻을 내리고 있었다. 해안에 늘어선 주택과 상가건물도 알록달록 예쁜 옷들을 입고 있었다.

시내에 있는 박물관에는 역사적인 항구도시답게 시기별로 범선과 군함의 모형이 전시되어 있다. 오대양 육대주를 주름잡던 그들의 뛰어난 조선기술과 항해술을 고스란히 담아놓은 박물관이었다.

성당인가
공연장인가

　　영국 데번 주의 주도인 엑시터는 시드머스처럼 날씨가 좋아 은퇴 후 연금으로 여유 있게 살아가는 사람들이 많기 때문에 집값과 임대료가 런던 다음으로 비싸다. 인구는 11만 명에 불과하지만 영국 서남지역의 교통, 행정, 경제의 중심지로 자동차 판매점만 30개가 넘고 대형 매장이나 소매점도 셀

엑시터 대성당(내부)

수 없이 많다. 저 많은 상점들이 장사가 될까 싶지만 토요일이면 어디서 모여들었는지 시내 중심가인 하이스트리트는 발 디딜 틈이 없다.

엑시터 제일의 관광지도 다른 도시와 마찬가지로 대성당이다. 시내 중심에 있는 이 성당은 다른 도시의 성당과 구조가 조금 다르다. 정면은 이탈리아 밀라노 성당과 흡사한 석조 고딕 양식이고 측면에는 노르만 양식의 사각형 탑이 붙어 있다.

왼쪽 벽면에 있는 천문시계 또한 이 교회의 중요한 문화재다. 아래쪽 시계는 1484년에 제작된 것으로 시간과 태양의 위치를 나타내고, 위쪽 시계는 1760년에 추가로 설치한 것으로 분을 나타낸다고 한다.

가끔 영국 대도시에 있는 성당을 가톨릭교회로 착각하는 사람이 있는데, 큰 교회는 모두 성공회라고 보면 된다. 로마 가톨릭교회도 많지만 교회 크기가 성공회보다 훨씬 작다. 영국 성공회 성당의 첨탑에는 잉글랜드 깃발이 꽂혀 있으며 유명한 정치가나 군인의 묘는 성당에 있다. 성공회를 영어로 Anglican church라고 하지만 잉글랜드에서는 모두 Church of England로 쓰고 스코틀랜드에서는 Church of Scotland로 쓰고 있다.

엑시터 대성당도 물론 성공회 예배당인데 축제기간 중에는 정열적인 집시 아가씨가 플라멩코 춤을 추는 공연장으로 제공하였다. 클래식 음악회도 아니고 집시의 춤 무대로 성스러운 성당을 기꺼이 내어 준 것이 결코 놀랄만한 일이 아니다. 아주 오래 전부터 영국의 교회는 시민과 함께 하며 사회에 봉사하는 것을 생활화하고 있다.

엑시터에는 유서 깊은 길드 홀이 있다. 이곳은 중세 길드조합 건물 중 현재까지 사용하고 있는 것으로 영국에서 가장 오래된 건물이다. 또 시내 곳곳에 과거 로마인이 쌓았다는 성벽과 후일 노르만인이 건설했다는 엑시터 성곽 일부가 남아 있다. 이 성곽은 개인주택의 담장이나 공용주차장의 울타리로도 쓰고 있었는데 문화재 보존 방법이 우리나라와는 정반대였다.

엑시터 대성당. 성당 옆의 잔디공원은 시민들의 휴식처다.

영국의
리비에라 해안

엑시터에서 해안도로를 따라 남쪽으로 20여 분을 달리면 돌리시라는 작은 항구도시가 나온다. 이곳도 유네스코 지정 세계자연유산인 쥐라기 절벽 해안이 이어져 있어 바다 경치가 아름답다.

고급 요트가 즐비한 토키 항

돌리시의 작은 하천에는 다른 곳에 없는 흑조(黑鳥)가 있다. 생긴 건 영락 없는 백조인데 색깔이 까맣고 부리가 빨간 흑조가 하천을 오르내리며 시민들의 사랑을 독차지하고 있다.

다시 해안도로를 따라 25분쯤 더 가면 '영국의 리비에라'로 불리는 항구 도시 토키가 나온다. 리비에라는 프랑스 니스에서 이탈리아 라스페치아에 이르는 지중해의 아름다운 해안을 일컫는 말로, 토키는 영국의 해안 중 으뜸이라는 뜻이 내포되어 있다.

방파제를 쌓아 만든 내항에는 고급 요트가 가득하다. 우리는 자동차의 크기나 브랜드를 보고 부의 정도를 가늠하곤 하는데 영국에서는 고급 자동차를 거의 보지 못했다. 하지만 항구에 가면 수많은 요트들이 진을 치고 있는데 그 크기와 모양이 각양각색이다. 이곳에서는 아마 요트의 크기로 부를 짐작하지 않을까 싶다. 언덕 위의 빌라도 고급이고 요트 또한 다른 항구의 것보다 크고 화려하니 영국의 리비에라란 말은 해안의 경치가 좋아서라기보다 부자들이 요트를 타며 즐기기에 편리한 해안이란 뜻은 아닌지 모르겠다.

토키에 바다 구경만 하러 오는 것은 아니다. 토키는 세계적인 추리작가 아가서 크리스티가 1890년에 태어나서 자란 곳이고, 그녀의 베스트셀러 중 하나인 '그리고 아무도 없었다'를 비롯한 많은 소설의 무대이기도 하다. 토키 박물관에 그녀의 작품과 육필원고가 보존되어 있다.

이곳에 온 김에 영국 최고의 맛집으로 소문난 '한베리 피시앤칩스'에서 피시 요리도 맛보았다. 갑자기 영덕대게 생각이 났고 아일랜드 반트리에 있는 유명한 음식점도 떠올랐다. 유네스코 지정 세계문화유산이나 자연유산에만 관광객이 몰리는 것은 아니다. 많은 사람들이 맛집을 찾아 여행을 떠나니 맛있는 음식점 또한 훌륭한 관광자원이다.

토키 언덕 위 전망 좋은 곳에는 고급 빌라가 많았다.

아름이의 여행노트

영국을 대표하는 음식이 대구에 부침가루를 묻혀 프라이드치킨처럼 튀긴 '피시'에 굵게 썬 감자를 튀겨 낸 '칩스'를 곁들여 먹는 '피시앤칩스(fish & chips)'인데, 토키에는 영국에서 제일 맛있는 피시앤칩스 요리점으로 선정된 '한베리(Hanbury)'라는 음식점이 있다.

튀김요리는 재료와 부침가루의 양, 튀기는 시간 등에 따라 맛이 제각각이라는데, 한베리의 피시는 고소하면서도 담백하여 고급 생선가스 맛이 났다. 한베리 가게에서 피시를 사다가 해변 언덕 위에 있는 공원 벤치에 앉아 파란 바다를 바라보며 먹었는데, 그 공원 잔디밭에는 피시앤칩스를 먹는 사람들로 가득했다.

영국에도 땅끝마을이 있었네

영국에도 땅끝마을이 있다. 위치도 한반도의 최남단, 전라남도 해남의 땅끝마을과 비슷한 그레이트브리튼 섬 남서쪽 끄트머리로 런던에서는 자동차로 6시간이나 걸리는 먼 곳이다.

해남의 땅끝마을은 한반도의 최남단인데 영국의 땅끝마을은 그레이트브리튼 섬의 최서단이다. 영국 지도를 보면 스코틀랜드 지방에 최서단이 있는 듯하지만 잉글랜드 가장 남쪽에 위치한 콘월 주 서쪽에 삐쭉 솟아 있는 부분이 최서단이다.

콘월 주는 영국에서도 특이한 지역이다. 영국은 과거 465년간 로마 지배를 받는데 북쪽 스코틀랜드 지방과 남서쪽 콘월 주(데번 주 일부 포함)만 점령당하지 않았다. 스코틀랜드는 그렇다 쳐도 기후 좋고 면적도 넓지 않아 마음만 먹으면 집어삼킬 수 있었을 콘월 지방을 그대로 둔 이유를 모르겠다.

그래서 콘월 지방은 당시 세계의 언어였던 라틴어를 사용하지 않고 독특한 언어 코니시(Cornish)를 그대로 사용하였고 로마와는 다른 켈트족 문화도 그대로 유지하였다. 그러나 로마군이 철수하고 군소왕국을 거쳐 노르만 왕 윌리엄이 영국을 정복해 잉글랜드 왕이 되는 과정에서 콘월도 잉글랜드에 편입되었고, 코니시도 잉글리시로 대체되어 이제는 아일랜드어처럼 사어(死語)가 되었다.

프랑스의 몽생미셸과 흡사한 세인트 마이클스 마운트

콘월 지방은 데번과 더불어 해안 경치가 아름답기로 유명인데 그 중에서도 남서쪽에 위치한 땅끝마을과 미낙 극장, 세인트 마이클스 마운트는 특히 매력적인 곳이다.

세인트 마이클스 마운트(St. Michaels's Mount)를 불어로 옮기면 몽생미셸(Mont-Saint-Michel)이 되는데, 모양도 프랑스의 몽생미셸을 빼다박았다.

11세기 영국을 정복한 노르만인들이 고향인 프랑스의 노르망디에 있는 몽생미셸과 흡사한 섬을 발견하고는 그곳의 수도사들을 데려다 같은 모양의 수도원을 짓게 한 것이 세인트 마이클스 마운트라는데 어쩜 이렇게 닮은 모양일까. 이 섬은 썰물 때는 물이 빠지면서 드러나는 바닷길을 걸어 섬으로 들어가고, 밀물 때는 약간의 뱃삯을 주고 작은 보트를 타고 들어간다.

전략적으로 중요한 장소이다 보니 요새화하여 포를 설치해 놓고 방어기지로 사용하던 것을 1659년에 존 오바인 경이 구입하여 그 후손들이 저택으로 사용했다는데, 지금은 내셔널 트러스트 재단에서 관리하고 있다.

성채 아래 요새에는 펄럭이는 깃발 아래 여러 문의 대포가 먼 바다를 겨냥하고 있지만, 포성이 멎은 지금 거대한 대포는 어린이들의 놀이기구가 되어 있다.

그 다음 찾은 곳은 미낙 극장(Minack Theatre). 극장에 들어서면 고대

천혜의 자연경관을 그대로 이용하여 만든 미낙 극장

그리스나 로마에 와 있는 듯한 착각이 드는데, 사실은 로마시대 유적이 아니고 1923년에 지어진 것이다. 바닷가의 아름다운 절벽을 그대로 이용하여 객석과 무대를 만들어, 객석에 앉으면 기암괴석과 어우러진 멋진 바다가 한눈에 들어온다.

바닷물 바로 앞에 무대가 있는데 그냥 장식용으로 만들어 놓은 것이 아니다. 미낙 극장에서는 여름 내내 연극을 상연한다. 위대한 극작가 셰익스피어를 낳은 영국, 그래서 셰익스피어의 작품도 종종 무대에 오른다. 낮에는 파란 빛깔의 바다를 바라보고, 밤에는 수평선 위에 반짝이는 별들을 쳐다보며, 처얼썩 파도 소리와 끼르륵 갈매기 소리를 음향 삼아 자연의 무대에서 펼쳐지는 연극을 보는 재미란, 런던의 대극장에서 정장을 차려입고 오페라를 관람하는 것에 견주어 결코 손색이 없으리라.

고운 모래, 파란 파도가 아름다운 포스커노 해수욕장

그레이트브리튼 섬의 최서단 땅끝마을

극장 바로 옆에는 콩가루같이 고운 모래사장이 펼쳐진 포스커노 해수욕장이 있고, 해수욕장 옆으로 눈길 닿는 곳까지 절벽이 병풍처럼 뻗어 있어 이 또한 장관이다.

훈련중인 영국 해군의 구조 헬기

지나던 길에 푸른 초원 한가운데 19개의 돌이 원형으로 둘러서 있는 청동기 시대 유적 메리 메이든스에도 잠깐 들렀다. 어느 일요일 19명의 처녀가 둥글게 원을 그리며 춤을 추다가 돌이 되었다는 아름다운 전설이 어려 있는 곳이다.

드디어 땅끝마을에 왔다. 앞에서 말했지만 여기서 땅끝은 그레이트브리튼 섬의 최남단이 아닌 최서단을 의미한다. 왜 그런지 모르지만 최남단에는 특별한 이름도 관심도 없었다.

땅끝마을의 경치는 세인트 마이클스 마운트나 미낙 극장만큼은 못하였지만 땅끝이라는 의미가 중요했다. 절벽도 있고 가까운 바다에 암초와 등대도 있는 것이 밋밋하지는 않았는데 마침 영국 해군의 구조 헬기가 훈련을 하고 있어서 사람들의 시선이 온통 그리로 쏠렸다. 헬리콥터에서 구조대원이 밧줄을 타고 내려오는 광경을 직접 보기는 처음이었는데, 땅끝마을 관광객을 위하여 일부러 그곳에서 훈련을 했다는 것을 나중에 알았다.

무엇에 쓰던 물건인고

    BC 2000년경에 건설되었다는 스톤헨지. 건설하는 데 3천만 시간 이상의 노동력이 소요되었다는 스톤헨지. 이집트의 피라미드만큼이나 불가사의 한 이 유적지에 대한 설명은 '언제 누가 왜 이 거대한 돌을 세웠는지는 알려져 있지 않다' 는 것이 전부다.

언제 누가 왜 만들었는지 모른다는 스톤헨지

중심에 높이 7m, 무게 45톤의 거대한 돌기둥 10개를 두 개씩 짝을 맞춰 5쌍으로 쌓고, 이 거석을 작은 돌기둥으로 에워싼 후 맨 바깥쪽을 다시 큰 돌기둥으로 둥글게 두른 3중 구조로 되어 있는데, 지금은 거석 상층부 대들보 형태의 돌들은 거의 무너져 내렸고 원형으로 둘러서 있던 돌기둥 역시 성하지가 않다.

예전에는 돌을 만져볼 수도 있고, 어떤 때는 종교 집단들이 모여들어 돌 주위에서 밤새 제사를 지내기도 했다는데, 지금은 이 유적을 보호하기 위해 울타리를 쳐놓고 밖에서만 관

마그나 카르타. 원본은 사진촬영을 금해서 벽에 걸려 있는 사본을 찍었다.

람하도록 하고 있다. 사진에서 수없이 보았던 터라 먼발치서도 금방 알아볼 수 있었으나 기대했던 것만큼 크지는 않았다. 윌트셔 지방 솔즈베리 근교 허허벌판에 덩그러니 놓여 있는데도 8월 한여름에 이 세계문화유산을 보러 온 관광객이 인산인해를 이루고 있었다.

영국 어느 도시나 대성당(Cathedral)은 주요 관광지다. 런던, 바스, 캔터베리같이 크고 유명한 도시는 물론 작은 도시나 시골동네도 제일의 관광명소는 모두 성당이다. 그 중에서 솔즈베리 성당은 그 유명한 마그나 카르타가 보관되어 있어 일부러 입장료를 내고 성당 내부를 둘러보았다.

지은 지 750년 된 이 성당은 규모도 크고 당시 공사 모습을 모형으로 만들어 놓아 그때의 건축기술을 살짝 엿볼 수 있었다. 그런데 교회 벽에 역대 주교와 유명인사의 관이 가득했고 바닥도 전체가 무덤이어서 음각된 망자의 이름을 밟으면서 다니는데 머리가 쭈뼛 섰다. 마침 예배를 보고 있어서 웅장한 파이프 오르간 연주를 감상한 것이 그나마 다행이었다.

마그나 카르타는 본당이 아닌 별채 보관실에 있었는데, 1215년에 존 왕

이 직접 서명한 대헌장은 800년이 지난 지금까지 잉크색이 바래지 않았다. 세금 부과를 왕이 멋대로 하지 못하게 한 것이 가장 중요한 내용으로 당시 대헌장을 기초했던 이들이 평민이 아닌 귀족이었고 내용이 확대 해석된 부분이 많다며 의미를 과소평가하는 이들도 있다지만, 어쨌든 민주주의의 싹은 여기서부터 트지 않았던가. 세계사 시간이나 정치 경제 수업 때 배우는 중요한 사료이니 아름이에게는 더욱 의미가 있는 관람이었을 것이다.

아름이의 여행노트

영국에서 가장 유명한 것 두 개를 오늘 보았다. 하나는 스톤헨지다. 영국을 대표하는 문화유적지 스톤헨지는 언제 누가 왜 만들었는지에 대한 기록이 전혀 없다고 한다. 어떤 사람들은 옛날 옛적 사람들이 신에게 제사를 지내던 장소였다고 하고, 또 다른 사람은 당시 실력자의 무덤이라고 추측하기도 하며, 더러는 천체를 관측하던 곳이었을 거라고 짐작하기도 한다. 스톤헨지 동그란 원의 북서쪽에 있는 힐스톤은 하지에 태양이 솟아오르는 방향과 정확하게 일치한다고 하니 선사시대 인류들은 현대 과학문명 속에 살고 있는 우리보다 더 똑똑했던 것 같다.

국왕의 권리를 제한하여 민주주의의 토대가 되었다는 마그나 카르타의 원본도 솔즈베리 성당에서 직접 보았다. 나는 마그나 카르타가 1부만 있는 줄 알았는데 여러 부를 작성하여 보관하였다고 한다. 현재는 4부가 남아 있는데 2부는 대영도서관에, 1부는 링컨 대성당에서 보관하고 있으며 나머지 1부를 솔즈베리 성당에서 보관하고 있다는 것이다. 라틴어로 쓰여 있는 마그나 카르타는 유리 상자 속에 들어 있고 사진도 찍지 못하게 하였다. 수업시간에 배운 역사적인 문서를 직접 보니 아름다운 경치를 본 것보다 더 가슴 뿌듯했다.

천년 영국
왕실의 거처 윈저 성

왕실 소유의 성으로는 세계 최대 규모라는 윈저 성

윈저는 런던 교외, 템스 강을 서쪽으로 거슬러 올라간 곳에 있는 지역 이
름이다. 이곳에 있는 윈저 성은 잉글랜드 첫 번째 왕인 윌리엄 1세가 지어

현재까지 1천 년 동안 역대 영국 왕실의 거처로 사용되고 있어, 유럽의 성 중에서 가장 오랜 기간 왕이 사용하고 있는 곳이다.

영국 역사 중 유일하게 왕정이 중단된 17세기 크롬웰의 공화정 시절에는 군사기지로 사용하였고 당시 국왕이던 찰스 1세를 가둔 곳이기도 하다. 사실 성(castle)이라 부르고 있으나 엘리자베스 여왕의 공식 주거지이고 주말이면 여왕이 종종 이곳에서 국정을 살핀다고 하니 실제로는 궁(palace)으로 부르는 게 옳지 않을까 싶은데, 단순한 국왕의 거처가 아니고 요새이므로 굳이 성이라고 쓰는 것 같다.

면적은 약 52,600㎡(16,000평)로 왕실의 성으로는 세계에서 가장 규모가 크다. 원래 내부는 공개하지 않았으나 1992년에 발생한 화재로 많은 부분이 소실되어 복구 비용으로 거액을 쏟아부었기 때문에 재원을 보충하느라 개방하고 있다. 성 내부는 19세기 초 클래식, 고딕, 로코코 양식으로 디자인한 것

원저 성의 근위병

을 똑같이 복원해 놓았다. 으리으리한 가구, 아름다운 천장화, 호화스런 벽장식과 역대 왕실 가족의 초상화가 걸려 있는 내부는 프랑스의 베르사유 궁전, 오스트리아의 쇤브룬 궁전과 비슷했다.

이튼스쿨 입구에 있는 견학 안내판

성 중앙 가장 높은 곳에 윈저 성의 상징 같은 라운드 타워가 있는데, 이 타워는 지하 50m 암반을 뚫어서 만든 우물 위에 건축된 것이라고 한다. 이 우물은 1193년과 1216년 그리고 1262년 성이 포위되었을 때 군사들에게 필요한 식수를 공급하였다고 전해진다.

15세기 말에서 16세기 초에 지었다는 성 조지 예배당은 규모는 크지 않지만 런던 웨스트민스터 사원처럼 왕들의 무덤이 있다. 유명한 헨리 8세와 그의 세 번째 부인으로 유일하게 아들을 출산하고 바로 사망한 제인 시모어의 무덤이 있고, 엘리자베스 2세 여왕의 아버지 조지 6세와 어머니 엘리자베스(여왕 어머니의 이름도 엘리자베스다), 2002년에 여왕보다 먼저 세상을 떠난 동생 마가렛 공주의 무덤도 이곳에 있다. 가끔 왕실의 결혼식이 열리기도 하는데 여왕의 막내아들인 에드워드가 이곳에서 소피와 결혼식을 올렸고, 찰스 왕세자가 두 번째 부인 카밀라와 결혼식을 올린 곳 또한 이곳이다.

윈저 성에서 나와 템스 강을 건너 이튼스쿨(현지에서는 Eton College라고 함)을 찾았더니 방학 중이어서 개방을 하지 않아 밖에서 건물만 잠깐 둘러본 후 코츠월드로 향하였다.

여신의 언덕
코츠월드

캐슬콤

바이버리 송어 양식장

코츠월드에 대해서는 잘 알지도 못하고 가 볼 생각도 없었는데, 이곳에 다녀온 사람들이 권유하기도 하고 또 옥스퍼드 가는 길목에 있어 들러보았다.

사람들 이야기로는 코츠월드에 가서 캐슬콤과 바이버리 송어 양식장과 버튼온더워터 정도만 보면 된다고 하여 우리도 이 세 곳을 목적지로 삼았다. 처음에는 세 곳이 가까이 있는 것으로 알았는데 웬걸, 캐슬콤에서 버튼온더워터까지가 무려 64㎞였다.

알고 보니 코츠월드는 어느 특정 마을이 아니고 동서로 145㎞에 이르는 넓은 지역으로 6개 주를 포함하고 있었다. 차라리 캐슬콤, 버튼온더워터를 별개의 관광지로 소개하는 것이 혼동을 덜 줄 것 같은데, 이렇게 광활한 지역을 굳이 코츠월드라는 이름의 관광지로 소개하는 이유가 무엇일까? 코츠월드의 영문 철자가 Cotswolds인데 여기서 Cot는 여신(Cod, Cuda), wold(world가 아니다)는 언덕이란 뜻이라니, 번역하면 '여신의 언덕'이 된다. 얼마나 아름다웠으면 이런 이름을 붙였을까.

캐슬콤(Castle Combe)은 윌트셔 주에 있는 인구 350명의 작은 마을로 대부분 돌집이다. 중세시대에 지은 크지 않은 예배당이 있고 시내 한가운데 작은 하천이 흐르고 있는데, 버터가 특산품인 듯 집 앞에 무인 버터 판매대가 있다. 옛날 집이어서 불편할 수도 있을 텐데 제주도 민속마을의 초가집처럼 과거 모습 그대로 보존하면서 관광객을 맞고 있었다.

바이버리(Bibury) 역시 콘(Coln) 강가에 자리한 민속마을로 특히 송어 양식장이 유명하였다. 작은 하천을 이용한 송어 양식장이 예쁜 정원의 연못처럼 아름다웠다. 송어를 구경만 해도 되고 2,3파운드를 내고 낚시를 할 수도 있는데 꼬마를 데리고 온 가족들은 하천 둑에 자리를 잡고 앉아 낚시를 즐기고 있었다.

버튼온더워터(Bourton-on-the-water)는 윈드러시 강이 시내 한가운데를 가로질러 흐르는 제법 큰 도시인데, 작은 베니스라고 불릴 정도로 강변 경치가 아름다웠다. 시내의 피시앤칩스 가게에도 예쁜 꽃바구니가 주렁

버튼온더워터

주렁 달려 있고, 주택과 상가 건물 모두 운치 있는 옛 건물들이었다. 마을 입구에 있는 자동차 박물관에는 지금은 거리에서 볼 수 없는 초창기의 깜찍하고 예쁜 자동차들이 마당에 가득했다.

　코츠월드 중 겨우 세 곳을 다녀왔지만 길을 찾느라 애를 먹었다. 캐슬콤이나 바이버리는 외진 곳에 있고 찾는 사람도 많지 않아 이 사람 저 사람에게 물어물어 찾아가야 했다. 다닐 때는 잘 몰랐는데 나중에 사진을 보니 이렇게 멋진 곳에 갔었나 하는 생각이 들 정도로 어여뻤으니 '신의 언덕'이라는 이름은 거저 얻어진 것이 아니었다.

대학 도시
옥스퍼드

크라이스트처치 칼리지 전경

'해리포터' 촬영장소인 크라이스트처치 칼리지의 그레이트 홀

옥스퍼드는 영국 최고의 명문대학이 있는 곳이어서 영국에 가면 너도 나도 들르게 된다. 그런데 막상 옥스퍼드에 가면 구경할 것이 마땅치 않다. 35개의 단과대학과 6개의 상설 사설학당이 있지만 관광객에게 개방하는 대학이 없을 뿐더러 혹시 안에 들어가더라도 대학 건물을 보는 것 외에는 직접 견학하거나 내부를 돌아보는 것은 거의 불가능하다. 유명한 보들리안 도서관 역시 대학생이 아니면 들어갈 수가 없다.

비록 입장료를 냈지만 영화 '해리포터'와 '황금 나침판'의 촬영지인 크라이스트처치 칼리지를 볼 수 있어 다행이었다. 영국 수상 중 옥스퍼드대 출신이 26명인데 이 중 절반인 13명이 크라이스트처치 칼리지 출신이다. 다른 단과대 출신을 합친 수와 같으니 명문 옥스퍼드 중에서도 명문이라 하겠다.

크라이스트처치 칼리지도 강의실이나 도서관은 공개하지 않고 교회와 홀 몇 개, 그리고 미술관만 볼 수 있었는데 '해리포터'를 촬영한 그레이트 홀이 특히 멋있었다. 거대한 홀 벽에는 '이상한 나라 엘리스'를 쓴 루이스 캐럴을 비롯한 위인들의 초상이 빼곡히 걸려 있고, 식탁에 가지런히 놓여 있는 접시와 수저 세트를 스탠드 불빛이 비추고 있어 분위기가 은은하였다.

'해리포터'를 유난히 좋아하여 영화 시리즈를 모두 보고 책도 읽은 아름이가 이 홀을 좋아했다. 무게가 6톤이나 되는 종이 있는 톰 타워와 고색창연한 대학 건물도 아름이 손을 잡고 천천히 둘러보았다.

아름이의 여행노트

영국 제일의 명문대학, 미국 하버드대와 쌍벽을 이루는 옥스퍼드대학교에 오니 기분이 남다르다. 나도 몇 년 후면 대학을 가는데 이런 명문대학을 바라만 보아야 할까? 여기에 오려면 전교 1등에 전국에서 몇 등은 해야 할 텐데, 세상에 오르지 못할 나무는 없다고 하니 노력해 봐야겠다.

내가 좋아하는 영화 '해리포터' 촬영지인 크라이스트처치 칼리지 그레이트 홀에 갔을 때는 정말 신났다. 먼저 이곳을 다녀온 친구는 별로였다고 했지만 넓은 홀과 고전풍의 가구, 기품 있는 초상화가 특히 좋았다. 무엇보다 '해리포터' 영화에서 보았던 장면이 떠오르고 똑같은 식탁이 있어서 반가웠다.

해리포터를 촬영한 크라이스트처치 칼리지나 나중에 본 올 소울 칼리지, 그리고 시내에 있는 많은 대학들은 모두 고색창연한 석조건물이었다. 특히 학교 안에 잔디가 잘 가꾸어져 있어 옥스퍼드라는 도시가 무척 아름다웠다.

셰익스피어의 고향
스트랫퍼드어폰에이번

셰익스피어 생가에서 배우들이 그의 작품을 공연하고 있다.

스트랫퍼드어폰에이번은 영국의 행정단위 중 최소 단위인 행정교구(civil parish)에 해당하는 작은 도시다. 그러나 이 도시에서 셰익스피어가 태어나 자랐고, 은퇴해서 말년을 보내다 뼈를 묻은 곳이어서 영국은 물론 해외에서 온 많은 관광객들이 거리에 가득하다. 셰익스피어 생가는 물론이고 그와 조금이라도 관련이 있는 곳은 모두 관광지이며, 작은 도시 전체가 17세기 튜더왕조 시대의 모습을 고스란히 간직하고 있다.

시내 중심에 있는 셰익스피어 생가는 낡은 목조 이층 건물이다. 400여 년 전에 지어졌기 때문에 발을 옮길 때마다 삐걱 소리가 나는 이 집 이층에는 대극작가가 태어난 침대와 소년 시절 공부를 했다는 낡은 책상이 있다. 생전에 그가 즐겨보던 책과 일상용품이 가지런히 정리되어 있고, 부엌과 식당과 세간들도 그때 모습대로 꾸며 놓았다. 생가 정원에서는 배우들이 셰익스피어 연극을 공연하여 분위기를 돋워 주었다.

극작가로 성공하여 돈을 모은 셰익스피어가 말년에 살았다는 뉴플레이스도 옛 모습 그대로 보존되어 있는데, 담쟁이가 드리운 빨간 벽돌집이 정원과 어우러져 운치를 더해 주었다.

셰익스피어가 유아 세례를 받은 곳, 그리고 죽은 후 잠들어 있는 홀리트리니트 교회에 들어가니 벽에 셰익스피어의 세례증명사본이 걸려 있고 사제석 아래 무덤이 있다. 그의 무덤 왼쪽은 부인 앤, 오른쪽은 손녀의 남편이었던 의사 내시, 사위 홀 그리고 장녀 수산나가 나란히 묻혀 있는 가족묘다.

스트랫퍼드어폰에이번에는 영국이 번성하던 엘리자베스 1세 시대, 이른바 튜더왕조 시절의 건축물이 가득하여 세월을 400여 년 거슬러 올라가 그때의 분위기에 빠져볼 수 있었다.

오늘은 내가
맨유 감독이다

한국 사람에게 영국에서 런던 다음으로 친숙한 도시는 맨체스터 아닐까? 영국을 다녀왔다고 하면 으레 맨체스터를 갔다 왔느냐, 프리미어 리그를 보았느냐, 박지성은 만났느냐 하는 질문을 먼저 받게 된다. 그래서인지 아름이도 맨체스터에 꼭 가 보자고 했다.

맨체스터 유나이티드 홈구장의 이름은 '올드 트래퍼드'인데, 트래퍼드는 지역 이름이니 우리가 상암구장, 잠실구장이라고 부르는 것과 같고, 앞에 old가 붙어 있으니 구 상암구장, 구 잠실구장쯤으로 이해하면 될 것 같다.

맨체스터 유나이티드의 홈구장 올드 트래퍼드에서

올드 트래퍼드는 1910년에 지었다고 하니 오랜 옛날, 그러니까 일본이 우리나라를 강제합병한 그 해가 아닌가. 그 시절에 벌써 7만 7천 명의 관중을 수용할 수 있는 경기장을 만들었으니 과연 축구의 종주국답다.

불행히도 2차 세계
대전 때 폭격으로 많이
파손되어 종전 후 재건
하였는데 현재 관중 수
용 능력은 76,212명으
로 영국에서 웸블리구
장 다음으로 큰 축구경
기장이다.

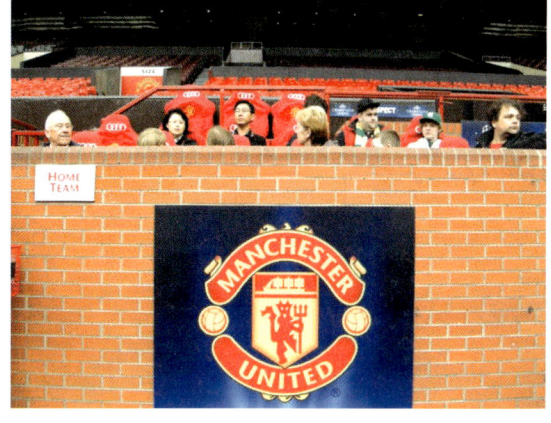

퍼거슨 감독과 교체선수들이 앉는 그 자리에 앉아 보았다.

맨유의 경기가 없
는 날은 관광객에게 경
기장을 개방한다. 그렇다고 개별적으로 관람
할 수는 없고 맨체스터 유나이티드 박물관 입
장권을 구입해서 들어가야 하는데 시간대별
로 한정된 수량만 팔기 때문에 사전에 예약하
지 않으면 현장에서 표를 구하지 못하는 경우
도 있다.

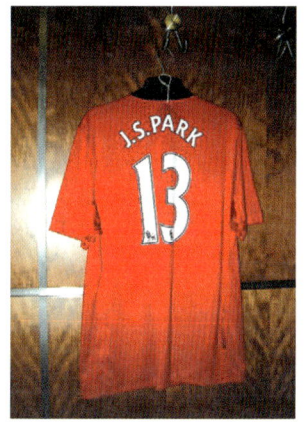

라커룸에 있는 박지성 선수의 유니폼

박물관에 들어가니 우선 18번이나 프리미
어 리그에서 우승을 차지한 전통의 강호 맨체
스터 유나이티드의 과거와 현재를 전시해 놓
은 홍보관이 나왔다. 여기에는 우승 장면과
역대 감독 및 선수의 사진, 우승 트로피, 메달, 유명선수의 유니폼 등이 전시
되어 있는데 자랑스러운 우리 박지성 선수가 있는 사진도 몇 점 있었다.

홍보관을 보고 가이드의 안내에 따라 1시간에 걸쳐 경기장을 돌아보았
다. 구장의 역사와 규모에 대한 소개에 이어 시설 곳곳을 안내해 주었는데
TV 중계화면에서는 볼 수 없는 경기장 내의 바와 연회실 등도 보았다. 맨유
선수들이 경기 전후, 그리고 하프타임 때 대기하는 라커룸을 직접 보여 주었

고 퍼거슨이 머무는 감독실에도 데
리고 갔다.

단순히 경기장을 보고 사진만 찍
고 오는 것이 아니라 선수들의 땀이
묻어 있고 숨소리가 배어 있는 경기
장 구석구석을 돌아볼 수 있어서 무
척 좋았다. 한국 같으면 감독이나 선
수가 사용하는 방은 당연히 통제구역
일 텐데 모든 장소를 친절하게 안내

맨유 선수들이 뛰는 그라운드

해 주니 아마 이런 기회를 통해 관광객은 팀에 더욱 애정을 갖게 되고 선수
들에게도 친밀감을 느끼게 될 것이다.

아름이의 여행노트

내가 영국에 간다고 하니까 친구들이 꼭 박지성 오빠의 경기를 보고 오
라고 했다. 하지만 박지성 오빠가 뛰는 프리미어 리그는 입장권도 무척 비싸
고 표를 구하기도 어렵다고 했다. 우리 가족은 할 수 없이 맨유의 경기가 없
는 날 홈경기장 올드 트래퍼드를 구경했다. 그러니까 경기를 보러 간 것이
아니고 경기장을 보러 간 것이다.

박지성 오빠가 직접 운동장에서 뛰는 것을 보지는 못하였지만 유니폼을
갈아입는 라커룸에 직접 들어가 보았고 맨유 선수들이 그라운드로 입장하는
통로도 걸어 보았다. 또 퍼거슨 감독과 교체선수들이 앉는 의자에 앉아 폼도
잡아 보았다. 진짜 박지성의 유니폼이 걸려 있는 라커룸을 보고 퍼거슨과 루
니, 베컴, 박지성 오빠가 앉았던 의자에 앉아 본 것은 큰 행운이었다. 이만하
면 한국에 돌아가서 친구들에게 자랑할 수 있을 것 같다.

숙소가 좋으면
다 좋다

　가족과 함께 하는 여행은 복잡한 런던보다 데번 주의 시드머스나 콘월 주의 땅끝마을이 더 좋다. 그렇기는 하지만 고대 로마시대부터 대영제국을 거쳐 현재에 이르는 동안 영국의 중심도시이고 파리와 더불어 세계에서 가장 많은 관광객이 찾는 도시인 런던을 소홀히 할 수는 없었다. 세계 정치와 경제 그리고 금융의 중심지이고 문화와 스포츠를 리드해 나가는 도시가 바로 런던이니 아름이에게는 다른 어느 곳보다 중요하였다.

　아름이와 함께 런던 나들이를 한 것이 여름과 겨울 두 번인데, 첫 번째는 많은 시행착오가 있었다. 우리의 여행 방법은 늘 같다. 가장 싼 교통수단을 이용하고, 저렴한 숙소를 찾아 예약하고, 가능하면 식사는 자체 해결하고,

보기에는 그럴듯한 빅토리아 역 근처의 호텔 밀집 지역.
1인용 방을 4인실로 개조하여 좁고 지저분하였다.

정말로 볼거리에는 돈을 쓰는 것이다. 그래서 예약한 것이 빅토리아 역 근처 저렴한 호텔이었는데, 90파운드짜리 방을 인터넷으로 미리 예약해 반값인 45파운드에 구해서 쾌재를 불렀다가 고생을 톡톡히 하였다.

호텔을 찾아가니 독특한 악센트를 쓰는 인도인 직원이 우리를 애초에 예약한 호텔이 아닌 두 집 건너 다른 호텔로 안내했다. 그 호텔 객실은 이층 침대 2개를 L자 모양으로 배치하고 남은 공간에 욕실이 있었는데, 침대와 욕실 벽 사이가 어찌나 좁은지 사람 하나가 겨우 지나갈 수 있었고 욕실도 너무 작아서 들어서면 몸을 움직이기도 불편하였다. 게다가 TV 안테나선이 끊어져 있어 전파가 잡히지 않았고, 아침식사는 빵과 시리얼과 우유가 전부였다.

아침식사를 하러 식당에 온 사람들은 우리 가족 외에 프랑스, 독일, 이탈리아에서 온 서양인들이었는데 모두 표정이 일그러져 있었다. 그들도 우리처럼 화장실이 딸려 있고 TV가 있고 아침식사를 제공한다고 선전한 저렴한 호텔을 예약했다가 잔뜩 실망을 한 것이다. 외국여행이라고 아름이를 데리고 다니면서 푹신한 침대에 전망 좋은 호텔에 묵지는 못할망정 감옥소처럼 비좁고 누추한 방을 잡은 것이 무척 미안했다.

두 번째 런던 여행 때는 트래블로지(Travelodge)를 예약했다. 숙박료는 첫 번째 묵었던 호텔의 반값이었지만 공간이 3배 이상 넓고 다른 시설도 앞의 것과 비교할 수 없을 정도로 좋았다. 물론 더 좋은 4성 호텔, 5성 호텔도 있지만 저렴한 가격에 영국으로 가족여행을 할 경우에는 앞뒤 잴 것 없이 트래블로지로 정하면 후회하지 않을 것이다.

트래블로지는 영국이나 유럽 사람들이 영국을 여행할 때 즐겨 이용하는 저가 호텔로 영국 전역에 약 370개, 런던에만 10여 개가 있으며 1개월 전에 예약하면 4만 원이 채 안 되는 저렴한 가격으로 하룻밤을 묵을 수 있다.

찰스는 언제
용상에 앉을 수 있을까?

런던 관광은 횟수에 관계없이 승차할 수 있고 요금도 저렴한 트래블 패스를 구매하여 주로 지하철을 이용했다. 매일 저녁 아름이와 머리를 맞대고 다음날 구경할 곳을 상의해서 정했는데, 제일 먼저 찾은 곳이 웨스트민스터 사원이다.

이곳은 잉글랜드 왕조의 시조라고 할 수 있는 윌리엄 1세가 1066년 대관식을 거행한 이래 역대 왕들의 대관식과 왕족들의 결혼식 또는 장례식이 열렸던 장소다. 8세기에 처음 지었으나 계속 중수를 거듭하여 18세기가 돼서야 현재의 모습을 갖추었다는데, 정면에 쌍으로 우뚝 솟은 고딕식 첨탑이 위용을 뽐내고 있다.

영국 왕의 대관식은 왕위를 계승한 후 1년 정도 지난 다음에 거행한다. 엘리자베스 2세 여왕의 큰아버지인 에드워드 8세는 미국인 이혼녀와 결혼하기 위해 왕이 된 지 9개월도 안 되어 왕관을 벗어던졌기 때문에 대관식을 치르지 못했다. 엘리자베스 2세 여왕은 왕위를 계승하고 1년 4개월이 지난 1953년 6월 이곳에서 화려한 대관식을 거행하였는데, 당시 흑백 TV로 대관식을 지켜본 사람이 2,500만 명이었다는 기록이 있다.

역대 왕들이 대관식 때 앉았던 에드워드 왕의 의자(King Edward's Chair) 바로 아래 대관식 돌(Coronation Stone 또는 Stone of Scone)이라는 우리나라의 다듬잇돌 같은 돌이 있어서, 1996년 11월까지는 국왕이 이 돌을 깔고 앉았다고 한다. 이 돌은 1296년 에드워드 1세가 스코틀랜드에서 약탈해 온 것으로, 영국 하원의 결정에 따라 스코틀랜드에 반환하여 지금은 에든버러 성에 보관되어 있고 웨스트민스터 사원에는 대관식 의자만 있다. 이 의자는 동양 왕의 용상처럼 화려하지 않고 그냥 소박한 나무의자일 따름이다.

그런데 찰스 왕세자가 저 의자에 앉을 날은 언제 오려나. 1948년생인 찰스는 환갑이 넘었다. 보통사람들은 환갑이면 은퇴를 하는데 가엾은 찰스는 아직 임기를 시작도 못했다. 2012년이면 엘리자베스 2세 여왕은 86세가 되고 국왕 취임 60주년을 맞는다. 여왕의 어머니가 102세까지 사셨으니 찰스가 왕위를 물려받을 날이 아직도 까마득해 보인다.

혹자는 이러다가 찰스는 용상에 앉지도 못하고 윌리엄 왕자에게로 왕위가 넘어가지는 않을까 걱정을 한다. 하기야 우리나라에서도 고구려의 20번째 왕인 장수왕이 이름처럼 98세까지 장수하는 바람에 아들인 조다가 아버지보다 먼저 죽어 손자인 나운(문자명왕)에게로 왕위가 넘어가지 않았던가. 남의 나라 일이긴 하지만 찰스도 조다가 될까 염려스럽다.

얼마 전에 찰스 왕세자에 이어 영국 왕위 계승 서열 2위인 윌리엄 왕자가 웨스트민스터 사원에서 세인트앤드류스대학 동창인 미들턴과 결혼식을 올렸다. 언론에서는 20억 명이 결혼식 생중계를 보았다며 호들갑이고 중국에서는 벌써부터 미들턴이 입은 웨딩드레스를 모방한 짝퉁이 나돈다고 하니, 단지 왕이 존재한다는 사실 하나만으로도 영국은 세계의 이목을 모으고 있고 관광객을 끌어들이고 있다.

아홉이의 여행노트

웨스트민스터 사원은 교회라기보다 묘지 같다. 교회 안에 헨리 3세, 에드워드 1세, 헨리 5세, 글래드스톤, 초서, 바이런 같은 영국의 유명한 왕과 정치가와 시인들의 묘와 비석이 가득해서 무섭기까지 했다.

이곳에서 영국 왕족들이 결혼식을 올린다는데, 그럼 하얀 면사포를 쓴 신부는 관과 관 사이로 입장하는 걸까?

나도 초등학교 때 성당을 열심히 다녔는데 웨스트민스터 사원은 다른 성당과는 달리 성가대석이 홀 가운데 있다. 미사를 드리거나 결혼식을 할 때 성가대 뒤에서는 앞쪽 주제단이 잘 안 보일 것 같아 괜히 걱정이 되었다.

민주주의의 산실
국회의사당

영국 민주주의의 산실인 국회의사당

웨스트민스터 사원에서 큰길을 건너면 바로 민주주의의 산실이라는 국회의사당이 있다. 원래 이 자리에 웨스트민스터 궁전이 있었는데 1834년 화재로 불타버린 후 의사당 건물을 지었다고 한다.

'웨스트민스터'는 국회의사당과 사원이 있는 이 지역의 이름이기도 하고, 영국의 국회 또는 정부를 대신하는 말로도 쓰인다. TV를 통해 수없이 보았던 의사당 내부는 관광객에게 개방하지 않아 부득이 외관만 보았다. 1천 여 개의 방이 있고 길이가 274m나 되는 고딕식 건물이 무척 웅장했고, 특히 하늘을 찌를 듯 솟아 있는 96m 빅벤의 위용이 압권이었다.

중고등학교 영어 교과서나 영국 소개책자에 으레 등장하는 런던의 대표적인 풍경을 보려고 웨스트민스터 다리를 건넜다. 템스 강 너머 국회의사당은 타워브리지와 더불어 런던의 트레이드마크가 아닌가. 역시 건너편에서 보니 찰랑이는 템스 강 너머로 파란 하늘을 배경 삼아 우뚝 솟아 있는 국회 의사당은 위풍당당하였다.

아름이의 여행노트

나는 런던에서 무엇보다도 국회의사당의 야경을 보고 싶었다. 중학교 때 영어 선생님으로부터 런던에서 가장 멋진 풍경은 국회의사당의 야경이라는 이야기를 들은 후 늘 그 아름다운 경치를 마음에 그리고 있었다.

드디어 런던에 온 첫날부터 나는 아빠께 국회의사당의 야경을 보러 가자 고 졸라댔다. 런던은 밤에 모든 상점들이 문을 닫아 돌아다닐 일이 없는데, 마침 런던 근교 뉴멀든에 살고 있는 엄마 친구가 저녁식사에 초대해 주어 식 사를 하고 돌아오는 길에 일부러 국회의사당 야경을 보러 갔다.

노란 조명이 더욱 환상적이고 웅장한 국회의사당과 템스 강 물결에 반사 되는 불빛은 듣던 대로 정말 멋있었다. 네 번째 런던에 오신 아빠도 국회의 사당 야경은 처음이라며 딸 덕분에 구경 잘했다고 좋아하셨다.

화이트홀을 걸어서
트라팔가 광장으로

젊음이 넘치는 트라팔가 광장

　국회의사당에서 트라팔가 광장 쪽으로 쭉 뻗어 있는 큰길 양쪽 건물들을 화이트홀이라고 하는데 이름처럼 하얀색이다. 이곳은 광화문 거리처럼 영국의 내각을 비롯한 관공서가 밀집되어 있는 영국 정치의 중심지다. 웨스트민스터 사원과 국회의사당을 보고 이 길을 따라 트라팔가 광장까지 걸어가면서 주변 명소를 돌아보는 것이 런던 여행의 정석이기에 아름이와 아내, 두 여자의 손을 잡고 도보관광에 나섰다.

국회의사당에서 1,000m쯤 가니 왼쪽으로 다우닝가가 나왔다. 이 다우닝가 10번지에 영국 수상 관저가 있다. 이곳은 우리나라 청와대나 미국의 백악관처럼 웅장하지 않다. 커다란 대문도 없고 발코니도 없으며 넓은 앞뜰이나 정원도 없다. 그냥 평범한 영국 주택과 똑같고 호수를 나타내는 '10'이라는 번호판도 다른 집들과 같다. 가정집 현관 같은 문 앞에서 영국 수상은 미국 대통령을 맞이하고 한국 대통령도 맞이한다.

겉보기에는 4인 가족이 거주하는 흔한 주택 같고 관저 이름도 '다우닝가 10번지'로 부른다. 아름이는 총리가 살고 있는 곳이 너무 평범하다며 고개를 갸우뚱했다. 물론 내부 집무실은 무척 넓고 입구 철문 앞에서 경찰관이 삼엄하게 경비를 서고 있지만 사진을 찍는 것은 허용해 주었다.

다시 700m쯤 더 가니 왼쪽으로 왕실 기병대 사령부가 있었다. 입구에 검은 제복을 입은 위병이 늠름한 모습으로 말을 타고 있었는데, 주변에 말똥 냄새가 진동했다.

정문을 들어서니 보초병이 마네킹처럼 서 있다. 아름이가 옆에 가서 포즈를 취하고 사진을 찍어도 요지부동이었다. 안으로 들어가 하얀 석조 건물의 멋진 기마대 사령부와 연병장을 보고 트라팔가 광장으로 발길을 옮겼다.

런던을 대표하는 트라팔가 광장 중앙에는 트라팔가 해전에서 프랑스-스페인 연합함대를 격파하여 나폴레옹의 영국 침략 의도를 좌절시킨 넬슨 제독의 동상이 높게 솟아 있다. 그로 인해 전 유럽을 거의 정복하고 이집트까지 원정한 나폴레옹이 끝내 영국 땅은 손아귀에 넣지 못하였으니 넬슨은 나라를 구한 영웅이요 그 전투가 바로 트라팔가 해전이었기에 광장에 이름을 붙여 기리고 있다.

장수는 전장에서 죽었을 때 그 이름이 더욱 빛나는 법. 넬슨 제독도

왕실 기병대 사령부의 위병

1805년 트라팔가 해전에서 승리는 하였으되 적의 총탄에 맞아 숨을 거두었으니, 노량해전에서 전사한 이순신 장군의 경우와 비슷하여 영국인들이 더욱 존경하고 있다.

트라팔가 광장 북쪽에 있는 내셔널 갤러리는 내가 좋아하는 미술관 중 하나다. 입장료도 무료이고 르네상스 시대 거장인 다빈치, 미켈란젤로, 라파엘로의 작품과 모네의 '수련', 고흐의 '해바라기' 등 친숙한 그림이 많기 때문이다. 이곳에 있는 작품도 2천 점이 넘어 꼼꼼히 보려면 며칠이 걸릴 것 같아 아름이와 함께 현장에 있는 한국어판 안내서에 소개된 유명한 작품 4,50점에 초점을 맞춰 감상했고 나머지 작품들은 대충 돌아보았다.

몰을 따라
버킹엄 궁전으로

 기수를 버킹엄 쪽으로 돌렸다. 트라팔가 광장에서 버킹엄 방면으로 곧장
난 길이 몰(The Mall)인데, 이 길 첫머리에 거대한 해군문이 있다. 1910년
빅토리아 여왕을 기념하여 만든 이 문의 가운데 것은 국왕 전용 문이기 때문
에 굳게 잠겨 있고 양쪽 문으로 차량이 통행하고 있다. 서울 궁궐의 정문이
임금님 전용인 것과 같다. 국왕이 의회 행사에 참석할 때나 웨스트민스터 사

버킹엄 궁전 근위병 교대식을 관람하기 위해 모여든 인파

원이나 세인트폴 성당의 결혼식 등 행사에 참석할 때 이 문이 열린다고 한다. 우리는 차량 통행용 문 옆에 붙어 있는 보행자용 쪽문을 통과해 버킹엄 궁전을 향해 걸어갔다.

런던 관광에서 놓칠 수 없는 근위병 교대식은 4월부터 7월까지는 매일 열리지만 8월부터 여름, 가을, 겨울을 지나 다음해 3월까지는 하루씩 걸러 거행되니 이 시기에 근위병 교대식을 보려면 반드시 사전에 확인하고 가야 한다.

11시에 시작되는 교대식을 보러 온 사람들로 버킹엄 궁전 앞은 미리부터 초만원이었다. 먼저 기병대가 분위기를 잡으며 행진했고 뒤이어 까만 털모자를 쓴 근위병과 브라스 밴드가 힘찬 음악에 맞춰 절도 있게 들어왔다. 위병과 악단이 모두 버킹엄 궁전 옆문을 통해 궁전 뜰로 완전히 들어서자 교대의식이 시작되었는데 지루하기 짝이 없었다. 까맣게 몰려 있던 관광객들이 하나 둘 자리를 뜨더니 나중에는 반 이상이 빠져나갔다.

우리도 광장에 있는 빅토리아 여왕 기념상과 분수를 배경으로 사진을 찍고 있었는데 갑자기 그때까지 굳게 닫혀 있던 정문이 활짝 열리더니 근위병들이 힘차게 행진하며 궁전을 빠져나왔다.

근위병 교대식의 하이라이트는 입장과 퇴장 때의 화려한 행진이다. 물론 중간에 임무를 교대하는 의식이 더 중요할 수도 있지만 구경꾼들의 시선은 우렁찬 행진에만 집중되어 있었고 우리도 그랬다.

버킹엄 궁전은 1703년 버킹엄 공작과 챈도스가 개인저택으로 지은 붉은 벽돌집이었다. 1762년 당시 세인트 제임스 궁전에 거주하던 국왕 조지 3세가 21,000파운드에 구입하여 왕실 가족, 특히 샬로트 왕비가 사용하였기 때문에 왕비의 집(The Queen's House)이란 별칭이 붙었다. 샬로트 왕비는 자녀가 15명이었는데 이 중 14명을 세인트 제임스 궁전이 아닌 버킹엄 궁전에서 낳았다고 한다. 버킹엄 궁전이란 이름은 빅토리아 여왕 시절 왕의 공식 거처로 지정되면서 붙여진 이름이며, 엘리자베스 2세 여왕도 이 궁전에 거주하고 있다.

버킹엄 궁전 광장 분수대에서

속삭여도 들린다
세인트폴 대성당

웨스트민스터 사원이나 트라팔가 광장, 버킹엄 궁전은 걸어서 다닐 수 있는 거리에 모여 있었으나 세인트폴 대성당은 동쪽으로 한참 떨어져 있었다. 그래도 지하철 중앙선(Central Line)을 타니 금방 도착하였다. 영국 오기 전에는 웨스트민스터 사원이 영국에서 가장 큰 교회인 줄 알았고 오래전 처음 영국에 왔을 때도 세인트폴 대성당은 볼 생각도 하지 않았다. 그런데 세인트폴 대성당은 웨스트민스터 사원과는 견줄 수 없을 정도로 거대하였다.

크리스토퍼 렌의 설계로 1675년에 짓기 시작해 35년 만에 완성한 이 성당은 돔의 높이가 111m로 1962년까지는 런던에서 제일 높은 건축물이었다. 지금도 바티칸 산 피에트로 대성당, 이탈리아 피렌체 대성당과 함께 세계 3대 성당의 하나로 꼽히고 있다. 프랑스에서는 도시를 대표하는 성당 이름이 대개 노트르담(성모 마리아를 뜻함)이고 다른 나라의 경우 성 베드로(세인트 피터, 산 피에트로, 장크트 페터)의 이름을 딴 것이 많은데, 이 성당은 바울(폴)의 이름을 따서 지었다.

둘레가 34m나 되는 거대한 돔 아래 부분으로 햇살이 살짝 스며들고, 8면으로 나누어져 있는 돔 본체 안쪽에는 성 바울의 일생을 웅장하게 그려 놓은 천장화 8폭이 있다. 숨을 헐떡이며 나선형 계단을 타고 올라갔더니 스

세인트폴 대성당 스톤 갤러리에서 바라본 런던 시가지. 멀리 런던아이가 보인다.

톤 갤러리라는 외부 전망대가 나왔다. 이곳은 가까이에 있는 밀레니엄 다리
와 테이트 모던 화랑은 물론 멀리 템스 강 너머 런던아이까지 한눈에 담을
수 있는 가슴 후련한 전망 포인트였다.

웨스트민스터 사원이 성가대석으로 중간이 가로막혀 있는 것과는 달리
세인트폴 성당은 홀이 훨씬 크면서도 중간에 시야를 가로막는 장애물이 없
었다. 왕실 결혼식은 대부분 웨스트민스터 사원에서 열리는데 찰스 왕세자
와 다이애나의 결혼식은 1981년 바로 이 성당에서 거행되었다. 나도 다이애
나가 꼬리가 엄청나게 긴 드레스를 입고 입장하던 당시 결혼식 광경을 TV
로 본 기억이 나 성당에서 안내를 하는 성직자에게 물어보았더니, 찰스는 여
기 서 있었고 다이애나는 저쪽에서 걸어왔다며 친절하게 설명해 주었다.

트라팔가 해전에서 프랑스-스페인 연합함대를 격파한 넬슨 제독, 워털루 전투에서 나폴레옹에게 대승을 거둬 그의 통치를 종식시킨 웰링턴 장군, 그리고 2차 세계대전을 승리로 이끌고 회고록을 써서 노벨문학상까지 받은 윈스턴 처칠 경의 장례식이 열린 곳이 또한 이곳이다. 넬슨 제독과 웰링턴 장군의 무덤은 바로 이 성당 지하에 있는데 두 영웅의 관은 영국에서 본 무덤 중 가장 크고 화려하였다. 역대 최고 권력을 누렸던 국왕의 무덤보다 이들의 관이 더 장엄하였으니, 나라를 위해 목숨 바친 선열에 대한 영국인의 존경과 사랑은 상상을 초월하는 것 같다.

아름이의 여행노트

세인트폴 대성당은 웨스트민스터 성당보다 크고 아름다웠다. 이곳에는 '속삭이는 복도'라는 신비한 벽이 있다. 계단을 이용해서 한참 올라가면 성당의 돔에 다다르는데 이 돔 안쪽을 따라 동그랗게 사람이 다닐 수 있는 통로를 만들어 놓았다.

그런데 이 통로의 벽에 대고 말을 하면 그 소리가 반대편 사람에게 또렷하게 들린다. 내가 아빠와 정반대편에 서서 서로 속삭여 보았는데 벽을 타고 온 소리가 옆에서 말하는 것처럼 들렸다.

이 성당을 설계한 크리스토퍼 렌은 천재 건축가요 기하학자로 옥스퍼드 대학교 교수였다고 한다. 파동의 반사 성질을 이용해서 계획적으로 만들었다는데 내 짧은 지식으로는 이해가 되지 않는 신기한 벽이었다.

4,300억 원짜리
다이아몬드

영국의 역사를 고스란히 간직하고 있는 런던탑의 방어벽과 해자

런던탑은 세인트폴 대성당에서 지하철로 세 정거장 거리에 있다. 유네스코 지정 세계문화유산인 런던탑은 정복 왕 윌리엄 1세가 건축한 요새이자 왕궁이지만, 1100년 이래 대역 죄인을 가두고 처형하는 감옥으로 사용되면서 숱한 애환을 간직하고 있다. 영국 역사를 고스란히 간직하고 있는 곳이긴 한데 관람료가 비싸고 줄이 너무 길어서 패키지 투어로 오는 경우는 겉모습만 슬쩍 보고 간다.

높은 방호벽으로 둘러싸여 있는 런던탑 한가운데는 가로 35m, 세로 32m, 높이 27m의 화이트 타워가 있다. 이 타워는 1078년에 건축된 3층 건물로 제일 아래에는 창고와 우물이 있고, 출입문이 있는 가운데층에는 성주의 거처와 위층 예배당의 지하공간이 있다.

위층은 서쪽에 넓은 홀이 있고 동쪽으로 침실과 세인트존 예배당이 있는데 이 예배당은 처음 디자인할 때 없었다가 나중에 만들었다고 한다. 세인트존 예배당은 특별한 장식을 하지 않고 있는 그대로 보존하여 11~12세기 노르만 왕조 시대의 모습을 보여 주고 있어서 화이트 타워 안에서 그나마 볼 만하였다.

서쪽 홀은 거의 현대식으로 디자인해서 무슨 전시회 준비를 하느라 부산하였는데, 1천 년 전에 지은 유네스코 지정 세계문화유산을 옛 모습 그대로 보여 주면 좋으련만 21세기 전시회장으로 꾸며서 무엇을 보여 주려는지 이해가 안 됐다.

런던탑 바깥쪽은 사람 키의 다섯 배는 될 높은 벽으로 둘러쳐 있고 템스 강 쪽을 제외한 삼면을 해자가 두르고 있다. 이 바깥 성곽을 따라 반역자의 문이 있고 그린 타워가 있고 블러디 타워도 있다. 반역자의 문은 런던탑의 바깥 성벽에서 템스 강과 물길로 연결되어 있는 문으로 이름처럼 반역의 죄를 지은(혹은 반역이라는 누명을 뒤집어쓴) 죄인을 배에 태워 압송해 오던 문이다.

1452년 조선 문종이 죽자 열두 살 된 어린 단종이 왕위를 물려받았다.

그러나 즉위한 지 3년 만에 왕위를 삼촌 수양대군에게 빼앗기고 강원도 영월로 유배되었다가 1455년 사약을 받고 죽으니 그때 그의 나이가 겨우 열여섯 살이었다.

그로부터 28년이 지난 1483년, 영국 국왕 에드워드 4세가 죽었다. 죽은 왕의 아들이 열세 살에 왕위를 물려받았으니 그가 에드워드 5세다. 그런데 왕의 삼촌이 어린 조카를 폐위시켜 동생과 함께 런던탑 블러디 타워에 가두고 자기가 왕이 되었으니, 그가 곧 리처드 3세다. 에드워드 5세와 동생을 처형한 기록은 없으나 유폐된 이후 소식이 끊겼고 훗날 그곳에서 유골이 발견되었으므로 처형한 것으로 추측하고 있다. 런던탑이 청령포라면 블러디 타워는 단종을 가둬 놓았던 움막쯤 되리라. 어찌하여 역사란 것이 동서양을 불문하고 비슷하며 한 번으로 끝나지 않고 되풀이되는가.

헨리 8세는 자신이 한때 사랑해 마지않던 두 번째 부인 앤 불린, 바로 엘리자베스 1세 여왕의 친어머니를 런던탑 그린 타워에서 처형하였다. 역시 헨리 8세의 딸로 엘리자베스 1세의 이복동생이기도 한 제인 그레이도 시아버지 더들리의 야욕에 이용되어 자신의 의사와 관계없이 여왕이 되었다가 영국 역사상 가장 짧은 9일 만에 왕위를 박탈당하고 런던탑에서 열여섯 살 꽃다운 나이에 목이 잘렸다. 런던탑의 역사는 피의 역사다. 런던탑에서는 지금도 제인의 망령이 나타난다는데 어디 제인뿐이랴? 에드워드 5세의 영혼도, 앤 불린의 영혼도 런던탑 위 하늘을 떠돌고 있을 것이다.

그렇디고 런던탑이 오씩 소름이 끼치는 곳만은 아니나. 런넌납에 있는 여러 건물 중 가장 많은 사람들이 줄을 서서 기다리는 곳은 바로 왕실의 보물 창고(Jewel House)다. 왕의 상징이 무엇인가? 머리에 쓰는 왕관(Crown)이요, 허리에 차는 보검(Sword)이요, 손에 드는 왕홀(Scepter)이다. 이것에 더하여 공처럼 동그란 모양에 십자가가 달려 있는 보주(Orb)란 것도 있다. 역대 국왕들이 대관식 때 쓰고, 차고, 들고 있던 보물들을 모아 놓은 곳이 바로 런던탑의 워털루 바라크에 있는 보물 창고다.

이 보물 창고의 기원이 헨리 3세 때라고 하니 13세기부터 있었던 모양인데, 때로 왕실 재정이 궁핍할 때는 국왕이 보물을 저당잡히기도 했단다. 17세기 청교도혁명으로 국왕 찰스 1세가 처형되고 크롬웰이 공화정을 펼치던 무렵에는 거의 모든 보물을 녹여서 다른 용도로 사용하였고 왕관도 완전히 부숴 버렸다.

1660년 왕정복고가 이루어졌을 때 남아 있던 것은 12세기에 만든 숟가락 하나와 의전용 칼 세 자루여서 나중에 나머지 것들을 복원하였다고 한다. 한번은 토마스 블러드라는 대령이 보석을 몽땅 도둑질하려 실패한 적이 있어 지금은 이중 삼중의 보안장치를 해 놓고 관광객들에게 보여 주고 있다.

런던탑 바깥쪽 성벽을 돌면서 여러 건물을 보는 것도 수월하지는 않았지만 보물 창고는 30분 이상 줄을 서서 기다려야 입장할 수 있었다. 들어가서

런던탑의 워털루 바라크 건물에 있는 영국 왕실의 보물 창고 입구

후딱 보물만 보고 나왔으면 좋으련만 안에서도 ㄹ자로 빼곡히 줄을 서서 천천히 이동하며 왕실 홍보 영화를 30분은 보아야 했다. 드디어 도착한 보물관. 각종 도자기와 금으로 만든 주방용품이 먼저 나왔고 역대 왕들의 보물은 제일 끝부분에 있었다.

황금에 다이아몬드가 박힌 호화찬란한 왕관과 왕홀과 보검과 보주가 하나 둘이 아니었다. 보물이 너무 많아서 무빙워크를 타고 관람하도록 되어 있어 세계에서 제일 큰 다이아몬드 '아프리카의 위대한 별'도 그만 지나쳤다. 안내원에게 정확한 위치를 물어본 후 다시 가서 보았는데 큼지막한 다이아몬드가 왕홀 머리 부분에 박혀 있었다. 이 다이아몬드는 남아프리카 광산에서 1905년 채굴하였는데 최초에는 3천 캐럿이 넘는 큰 덩어리였다. 증기선으로 영국으로 옮겨올 때 허름하게 포장하여 도난을 방지하였다 하니, 귀중품을 쓰레기통에 감추는 허허실실 전법을 여기서도 써먹었던 모양이다.

이것은 암스테르담의 보석 세공인 요제프에 의해 가공되었으며, 가장 큰 것을 채굴광산 소유자의 이름을 따서 '컬리넌 1호(Cullinan 1)'로 이름지었으나 현재는 '아프리카의 위대한 별(The great star of Africa)'로 더 알려져 있다. 이 다이아몬드는 영국 내전 때 프랑스로 도망가 루이 14세의 보호를 받다가 크롬웰 사망 후 왕정이 복고되면서 왕위에 오른 찰스 2세가 대관식 때 사용한 왕홀 머리 부분에 박혀 있다. 찰스 2세의 대관식이 1661년이었고 다이아몬드가 영국에 온 것은 1905년이니 후에 가공하여 박아 넣은 것이다. 무게가 530.20캐럿, 가격은 4억 달러 이상이라고 하니 이것 하나를 보는 것만으로 보석 창고 관람의 의미가 있다.

왕관 중 으뜸인 '대영제국의 왕관(The Imperial State Crown)'은 빅토리아 여왕의 왕관을 복제한 것으로 다이아몬드 2,868개, 진주 273개, 사파이어 17개, 에메랄드 11개, 루비 5개가 박혀 있다니, 이쯤 되면 왕관이 아니라 보석덩어리가 아닐까?

인증샷은
타워브리지에서

　런던에 가는 사람마다 증명사진을 찍는 타워브리지는 런던탑 바로 옆에 있다. 런던탑의 입장료가 비싸기도 하고 관람하는 데 시간이 많이 걸리기 때문에 관광객들은 타워브리지와 런던탑을 곁에서만 보고 이른바 인증샷을 찍고 돌아가는 경우도 많다.(나도 처음에 혼자 런던에 갔을 때는 그랬다.)

아름이도 타워브리지에서 인증샷을 찍었다.

19세기 후반 런던 동부가 상업지역으로 번창하자 템스 강을 가로지르는 다리가 필요하였다. 그래서 특별위원회를 만들어 교량 디자인을 공모하였는데 무려 50개의 작품이 출품되었다. 이 중에서 고르고 골라 확정한 것이 시청 건축가인 호러스 존스의 작품이었는데, 그는 심사위원 중 한 명이었다니 공정성에 문제가 없었는지 모르겠다.

어쨌든 1886년 공사를 시작하여 8년 후인 1894년, 한국에서 갑오개혁을 실시하여 조선왕국이 대한제국으로 바뀌던 그 해에 완공하였다. 타워브리지는 길이가 244m, 탑 높이가 65m이며, 무게가 1천 톤인 도개(상판) 2개를 배가 지나갈 때 83도까지 들어올리는 구조로 되어 있다. 다리 2층은 보행자 전용으로 런던탑과 템스 강변의 경치를 감상할 수 있지만 입장료를 내야 한다.

타워브리지, 언제 보아도 멋진 다리다. 모양도 예쁘거니와 옆에 런던탑이 있고 조금 상류 쪽으로 전시용 전함 벨파스트 호가 있으며 강가에 선착장까지 있으니 런던관광 증명사진을 찍을 만한 곳이다. 새로운 천년을 기념하여 만들었다는 밀레니엄 다리, 국회의사당 바로 옆에 있는 유서 깊은 웨스트민스터 다리, 이런 다리를 통틀어 템스 강을 가로지르는 다리 중 으뜸은 타워브리지다.

런던에서 감상하는
뮤지컬 한 편

런던에 가면 꼭 봐야 할 것이 있다. 바로 뮤지컬 한 편. 비싼 비행기 타고 런던까지 와서 한국에서도 볼 수 있는 뮤지컬을 관람하는 것이 시간 낭비일 것 같지만, 런던이야말로 뉴욕 브로드웨이와 더불어 뮤지컬의 메카다. 한 편 쯤 관람하면 다른 관광지를 다녀온 것보다 뿌듯하다. '오페라 유령', '레미제라블', '라이온 킹' 등 인기 있는 뮤지컬은 같은 장소에서 몇 년이나 계속 공연하고 있어 몇 편씩 보는 사람도 있다.

우리도 큰맘 먹고 '사운드 오브 뮤직' 티켓을 샀다. 29파운드짜리 티켓은 가장 나쁜 좌석은 아니지만 2층 먼 곳이었다.

'사운드 오브 뮤직'은 영화로 몇 번 보았기 때문에 스토리가 익숙한데다 중간 중간에 부르는 노래들이 모두 귀에 익어서 훨씬 재미있었다. 마리아가 춤추며 노래할 때 초원으로 변한 무대가 위로 들려 올라가는 것이라든지, 잘 츠부르크 음악제 장면에서 독일의 나치 깃발이 갑자기 천장에서 쫙 내려오는 등 예상치 못한 화려한 무대장치와 수녀원장을 비롯한 배우들의 뛰어난 가창력에 매료되어 넋을 잃고 감상하였다. 뮤지컬 마니아들은 같은 뮤지컬도 몇 번씩 다시 본다는데 단 한 편만 감상한 것이 아쉽다.

어차피 런던에서의 밤은 템스 강에 출렁이는 국회의사당의 야경을 보는 것 외에 다른 관광이나 쇼핑을 하지 못하니 뮤지컬로 추억의 한 페이지를 장식하는 것이 현명한 선택이다. 아름이도 박물관이나 미술관보다 뮤지컬 관람이 훨씬 재미있었다고 좋아했다.

우리가 본 뮤지컬 '사운드 오브 뮤직'의 장면

문화재 약탈인가
역사의 보전인가

영국 관광에서 빼놓을 수 없는 곳이 대영박물관이다. 영국의 유물보다는 식민지에서 약탈해 온 것이 많은데, 이것은 다른 유럽의 박물관도 비슷하다.

오래 전 이탈리아 북부 토리노에 있는 박물관에 가 본 적이 있는데, 전시해 놓은 유물이 이집트 것이었고 이름도 이집트 박물관이었다. 이집트 박물관이면 카이로나 알렉산드리아에 있을 것이지 왜 이탈리아에 있을까. 사하라사막에서 평생을 보낸 이집트 사람의 주검이 수천 년 후에 산을 넘고 물을 건너 이국땅 박물관의 유리상자 속에 갇힌 채 사람들의 구경거리가 되는 것은 대체 무슨 경우인가.

세계사 교과서나 미술책에서 보던 온갖 유물이 대영박물관에 전시되어 있고 관람은 무료다. 영국의 진귀한 서적이나 고대 유물이 있기도 하지만 외국에서 가

대영박물관의 람세스 2세 상. 원래 이 작품은 이집트에 있어야 하는 것 아닌가?

자연사박물관 1층의 거대한 공룡 뼈대 구조물

져온 전시물이 대부분이다. 이집트 상형문자 해석의 열쇠가 되었다는 로제타석, 갈대로 만든 종이 파피루스, 고대 이집트 미라, 그리스 로마시대의 조각 작품이나 아시리아 등 중동 지역의 고대 유물도 빼놓을 수 없다.

대체 파르테논 신전 조각을 가져와 대영박물관에 붙여 놓은 이유가 무엇인지. 혹자는 영국인을 문화재 약탈자라고도 하고 또 다른 이들은 영국으로 가져왔기 때문에 그나마 보존되어 지금 우리가 볼 수 있다고 하는데 누구 말이 맞는지 헷갈린다.

대영박물관을 관람하려면 사전에 공부를 좀 해야 한다. 고대 서양사를 두세 번 읽어 보고 대영박물관의 구조도 미리 익혀 두고 유심히 보아야 할 곳을 정해 놓는 것이 좋다. 입장이 무료이니 런던에 산다면 자주 들러서 조금씩 볼 일이지만, 시간이 한정되어 있는 관광객은 역사적으로 가치 있는 유물 또는 세계사를 공부하면서 들어본 것 위주로 보는 것이 방법이겠다.

아름이의 여행노트

대영박물관에는 한국관이 따로 있다. 우리 정부의 지원을 받아서인지 전시공간이 생각보다 넓었는데, 눈이 휘둥그레지는 다른 나라 전시관에 비해 전통가옥과 마루가 넓은 면적을 차지하고 있고 전시물이라고는 청자와 도자기 몇 점이 고작이고 찾는 사람도 한국인들밖에 없어 썰렁했다. 우리가 갔을 때도 채 열 명도 안 되는 한국인이 평상에 앉아 쉬고 있을 뿐 외국인들은 없는 것이 아쉬웠다.

런던탑, 웨스트민스터 사원, 윈저 성, 버킹엄 궁전 내부 등은 유료 관람이고 요금도 비쌌다. 그러나 대영박물관과 내셔널 갤러리, 테이트 모던 화랑 같은 박물관은 입장료를 받지 않았다. 전시물이 가득한 자연사박물관과 과학박물관 역시 무료였다.

대영박물관의 분관인 자연사박물관에는 공룡실과 인간생태실 그리고 다양한 동물실로 구성되어 있는 생물관과 지구상의 온갖 광물과 보석을 수집하여 전시해 놓은 지구관이 있다. 보아도 보아도 끝이 없을 정도로 전시물이 많아서 다리가 아팠는데 이곳에 자주 올 수 있는 영국 학생들이 부러웠다. 자연사박물관 옆에 있는 과학박물관에는 산업혁명이 시작된 나라 영국의 증기 엔진과 최첨단 과학 발명품들이 전시되어 있다.

이런 곳은 외국 관광객을 위해서라기보다 영국 국민의 교육에 알맞고 또 어른보다는 어린이나 청소년들에게 유익한 곳이어서 입장료를 안 받는 것 같다.

골목도 시장도
훌륭한 관광자원이다

런던의 차이나타운은 관광지일까? 트라팔가 광장에서 가까운 이곳은 모든 여행안내서에 실려 있지만, 처음에는 관광지로 소개할 만한 명소인지 의문스러웠다. 중국 식당과 식료품 가게가 많이 있기는 한데, 입구에 서 있는 홍살문 같은 중국식 기둥과 허름한 정자 외에 특별히 볼 것은 없었다. 기억에 남는 것은 중국 식당 진열대에 매달려 있던 누렇게 구운 벌거벗은 오리뿐이었다. 관광지라기보다는 런던에 살고 있는 중국 사람들의 시장골목 같은데, 돌이켜보니 일상생활이 그대로 노출되어 있는 것도 볼거리였다.

피커딜리 서커스도 기대만 못하였다. 트라팔가 광장만 하겠거니 했는데 크기는 비교할 수 없을 정도로 작고 광장 가운데 있는 에로스 상이 그나마 위안거리일 뿐 주변 건물도 특징이 없었다. 부근이 상업지역이어서 사람이 많기는 하지만 그냥 쇼핑 중심지에 있는 교차로였다.

그런데 왜 이런 곳을 찾을까. 관광이라는 것은 꼭 유네스코에서 지정한 문화유적지나 빼어난 경관만 보러 다니는 것은 아닐 터. 작은 상점이 빼곡히 들어차 있는 로데오 거리도, 생활용품이며 반찬거리가 가득한 시장골목도 훌륭한 관광자원이다.

가끔 외국 여행에서 찍은 사진을 보면 유명한 관광지에서 찍은 것보다 평범한 길거리에서 찍은 사진이 정겨워 보인다. 그 나라 특유의 버스와 택시

런던의 거리 풍경들

런던의 거리 풍경들

가 달리고 있고 지나가는 사람들의 표정에 희로애락이 나타나 있으니 사람 살아가는 모습을 있는 그대로 보는 것이 또한 관광이 아닐까.

이제 런던 여행을 접어야 할 시간이다. 런던은 네 번 갔다. 첫 번째는 나홀로 배낭여행이었고 두 번째는 동료들과 함께였다. 세 번째와 네 번째는 가족과 함께였는데 그때가 가장 좋았다. 밀린 공부 때문에 고생할 아름이가 안쓰럽기도 하지만 언제 또 이런 가족여행을 할 수 있겠는가.

비좁고 먼지 쌓인 싸구려 호텔도 아름이와 함께였기에 행복했다. 아름이는 템스 강에 비친 국회의사당의 야경을 보며 환호성을 질렀고, 런던 시내를 달리는 이층버스에서 팔 벌려 하늘을 얼싸안으며 즐거워했다. 억만금의 돈을 준들 이러한 기쁨을 살 수 있을까. 아름다운 추억들을 생각하면 난 지금도 행복에 겹다.

천지창조의
비경에 빠지다

아일랜드

아일랜드로 들어가기

아일랜드를 여행하는 한국인은 많지 않다. 겨울방학을 맞아 떠난 이번 여행은 순전히 친구의 권유 때문이었다. 아일랜드에 유난히 관심이 많은 친구가 두 가족이 함께 가면 경비가 저렴하다고 꼬드겨 큰 기대 없이 여행길에 올랐다. 친구에게도 아름이 또래 아이가 있어 우리끼리 갈 때보다 더 즐거우리라는 기대도 있었다.

아일랜드 더블린 공항은 다른 유럽연합 국가들과 마찬가지로 입국심사대가 EU(유럽연합) 회원국 국민과 기타 국가 국민으로 나뉘어져 있었다. 2007년에 EU에 가입한 동유럽의 빈국 불가리아와 루마니아 사람들은 스탬프 하나 받지 않고 여권을 보여 주는 것만으로 입국심사대를 통과하였지만, 우리 일행과 아랍인 가족은 기타 국가 입국자 창구에 줄을 섰다.

한국과 아일랜드는 비자면제협정이 체결되어 있어 비자 없이 90일까지 체류할 수 있다. 같은 조건인 프랑스 샤를드골 공항은 세관에 신고할 물건이 없으면 스탬프를 꽉 눌러 주고 까다롭다는 영국도 여행 목적이 분명할 경우 어렵지 않게 통과할 수 있는데, 더블린 공항은 생각 외로 까다로웠다.

여행 목적이 관광이라고 하니 귀국 항공권, 숙소 예약증, 렌터카 예약확인서 등을 모두 체크하고, 아름이가 어느 학교 다니는지 꼬치꼬치 묻더니 아일랜드 여행 기간 만큼만 체류할 수 있는 스탬프를 찍어 주었다. 영국은 한 번 입국하면 6개월 체류가 가능하고 프랑스는 3개월이 가능한데, 왜 유독 아일랜드는 여행 기간에서 단 하루의 여유도 없이 날짜를 명기해서 입국을 허가해 주는 것일까?

귀에 익숙한 '대니 보이(아 목동아)'라는 민요에 배어 있는 정서가 우리 민족 감정과 비슷하다고 하여 좋은 감정으로 들어왔다가 공항에서 한방 맞으니 떨떠름했다.

공항을 나와 렌터카 회사로 갔더니 안내직원이 인원도 많고 짐도 많으니 예약한 7인승 대신 9인승 승합차를 이용하라고 해서 그러마 했더니, 덩치가 산만한 미니버스여서 나는 적잖이 당황하였다. 출발할 때와 정지할 때 덜컹거리고 브레이크와 가속기의 감각이 승용차와 달라 조심조심 운전을 해야 했기 때문이다.

아름이의 여행노트

아일랜드에 대해 아는 것이 별로 없어 이번 여행을 계기로 공부를 조금 하였다. 아일랜드는 1인당 GDP가 영국보다 높고 유럽에서 잘살기로 5위 안에 든다는 사실을 알고 놀랐다. 옛날에는 영국보다 못살았고 많은 사람들이 미국으로 캐나다로 호주로 뉴질랜드로 이민을 떠났다는데, 이제는 역이민을 오는 경우가 많다고 한다. 면적은 7만㎢로 남한보다 약간 작고, 인구는 410만이라니 인구밀도가 대한민국의 10분의 1 정도다.

1172년 헨리 2세의 침략을 받은 이후 영국의 지배를 받다가 조금씩 국토를 회복하였으나, 1534년 헨리 8세가 대대적인 정복사업을 벌인 후 식민지로 삼아 1937년 독립할 때까지 400여 년간 온전히 영국의 일부분이었다. 헨리 2세 때부터 계산하면 765년이라는 긴 세월을 영국의 지배하에 있었다. 그래서 아일랜드어는 거의 사라지고 영어를 공용어로 쓰고 있다. 아름다운 시 '이니스프리의 호도'를 쓴 예이츠, '율리시즈'를 쓴 제임스 조이스, 노벨상 수상 작가 새뮤얼 베케트 등은 모두 아일랜드 작가인데 작품은 아일랜드어가 아닌 영어로 썼다고 한다.

바이킹족이 건설한 항구도시

워터퍼드 항구

첫 번째 목적지인 코크로 가는 길은 여러 개가 있지만 동쪽 해안을 따라 달리는 N11 국도를 이용했다. 2시간을 달려 아클로 근처 휴게소에서 간단히 요기를 하고 다시 또 2시간을 달려 항구도시 워터퍼드(Waterford)에 도착했다.

워터퍼드는 5만여 명이 거주하는 아일랜드에서 다섯 번째 큰 도시로 10세기 초반 이 지역을 침입한 바이킹족이 배로우 강과 슈어 강이 합류하는 지점에 건설하였다. 좋은 지리적 조건 때문에 항구도시로 번성하였으며 '워터퍼드 크리스털' 생산지로 유명하다.

때는 12월 21일. 부두 옆 주차장에 차를 대놓고 워터퍼드 시내로 들어가니 여기저기 오색 전구가 반짝거리고 캐럴이 울려 퍼지는 것이 성탄절 분위기에 흠뻑 젖어 있었다. 특별히 물건을 사지는 않았지만 시내 중심지와 백화점을 돌아다니며 아일랜드의 정취를 느껴보고 크리스마스 기분도 맛보았다. 구세군 자선냄비는 없었지만 산타 모자를 쓴 자선단체가 백화점 로비에서 합창공연을 하며 불우이웃돕기 모금을 하고 있었다.

바이킹 삼각지대라는 문화유적지역을 찾아 10세기에 바이킹이 건축한 요새 '리지널드 타워'와 '홀리 트리니트 교회'를 슬쩍 보고 부둣가로 나갔다. 워터퍼드 항은 듣던 대로 거대했고 줄지어 있는 요트도 영국의 것보다 크고 화려했다. 영국의 지배를 오랫동안 받았기 때문에 영국보다 못사는 나라로 알고 있었는데 그 반대였다.

워터퍼드를 떠나 코크로 가는 도중에 짧은 겨울해가 저물었다. 경치가 꽤나 아름다울 것 같은 해안도시 던가번(Dungarvan)과 유골(Youghal)은 날이 어두워 보지 못하고 오후 6시가 되어서야 코크의 트래블로지에 도착해서 짐을 풀었다.

블라니 돌에
입맞춤을

블라니 돌로 유명한 블라니 성

아일랜드도 영국
과 마찬가지로 도처
에 아름다운 성이 많
이 있다. 아마도 아
일랜드 관광명소의
상당수는 도시에 있
는 성당과 근교에 있
는 성일 것이다. 관
람료가 워낙 비싸서
모든 성을 돌아볼 수
는 없었지만 코크를
대표하는 블라니 성
은 가 보기로 했다.

코크 서쪽 블라니
라는 작은 마을에 있
는 이 성은 1446년에
건축되었는데 600년

세월이 흐르는 동안 지붕과 안팎의 장식품은 모두 무너져 뼈대만 앙상하게 남아 있다. 그런데도 일 년에 100만 명이나 관광객이 꾸준히 찾아오는 이유는 유명한 블라니 돌(Blarney Stone) 때문이다. 이 돌에 키스를 하면 언변이 좋아진다는 속설 때문에 너도 나도 모여드는 것이다. 나도 굳이 말솜씨가 좋아지고 싶지는 않지만 여기까지 왔으니 유명한 돌에 입맞춤을 하고 싶었다.

블라니 돌이 있는 곳을 가리키는 화살표가 곳곳에 있어서 처음에는 성 한쪽 귀퉁이에 비석처럼 서 있겠거니 하고 안내대로 따라 갔다. 그런데 좁고 동그란 성탑의 돌계단을 돌고 돌아 꼭대기에 다 다라서야 겨우 그 돌을 볼 수 있었다. 게다가 그 돌에 키스를 하

블라니 돌에 키스를 하려면 손잡이를 잡고 머리를 거꾸로 박아야 한다 (사진출처 : 위키피디아)

려면 양쪽에 있는 철제 손잡이를 잡고 까마득한 땅바닥 쪽으로 머리를 거꾸로 박아야 했다. 결국 나는 블라니 돌에 키스를 했지만 아름이와 아내는 포기했다. 아내에게도 블라니 돌에 키스를 하고 나에게 애교 좀 떨라고 했더니 옆에 있던 친구 부인이 아무 남자에게나 살랑거릴지 모르니 말리라고 농담을 했다.

돌에 입맞춤을 한다고 따로 요금을 받지는 않지만 두 사람의 도우미가 있어 한 사람은 키스를 도와주고 또 한 사람은 사진을 찍어 주었다. 그리고 사진을 원하는 사람에게 10유로에 팔았다. 이를테면 키스를 할 수 있도록 도와 준 데 대한 사례비인 셈이다. 키스 장면을 촬영하지 못하게 하고 돌도 찍지 못하게 하였으니 도우미가 찍은 것이 유일한 사진인데 너무 비싼 것 같아 그냥 왔더니 두고두고 아쉽다. 그 성에 다시 가 볼 기회가 과연 오려나?

반트리에서 점심을

　아일랜드를 다녀온 사람마다 모두 그곳의 집들이 참 예쁘다고 했는데, 코크까지 오는 동안 특별히 멋진 집을 보지 못하였다. 그런데 코크를 떠나 반트리 가는 길로 접어드니 언뜻언뜻 보이는 집들이 듣던 대로 아름다웠다.

　영국은 우중충한 회색 돌집이거나 허연 페인트를 칠한 집들뿐인데 아일랜드는 노랗게, 빨갛게, 어여쁜 색깔을 입혀 놓았다. 더구나 영국은 정원이

반트리 항의 식당가

거의 집 뒤편에 조그맣게 있고 볼품도 없는데, 아일랜드 주택에는 앞쪽에 넓은 정원이 있고 잔디와 꽃나무를 베르사유 정원을 축소해 놓은 것처럼 가꿔 놓았다.

아, 그리고 반트리로 넘어가는 작은 고개 양쪽에 펼쳐진 아름다운 풍광이라니. 높은 산이 없는 영국의 구릉지에는 양떼가 무리지어 풀을 뜯고 있는데, 아일랜드의 야트막한 산에는 관목이 무성하고 바위가 아기자기하게 박혀 있어 사람의 손을 타지 않은 자연 그대로의 모습이다.

코크 주 서쪽 해안 마을 반트리는 자그마하지만 항구의 경치가 빼어나고 형형색색으로 예쁘게 단장한 부둣가 건물들도 정말 멋졌다. 그리고 이 도시에는 '아일랜드의 맛있는 식당' 상을 받은 레스토랑이 널려 있어 우리도 이곳에서 한 끼 잘 먹으리라 작정하고 소문난 요릿집 사진까지 구해왔다.

부두를 끼고 늘어서 있는 식당 중에서 우리가 소문을 듣고 찾아간 곳은 'De Barra's Restaurant'라는 중저가 레스토랑이다. 메뉴판보다는 칠판에 적혀 있는 '로스트 아이리시 비프'와 '아이리시 스튜'를 주문했는데 순수 아일랜드산 소고기의 육질이 부드러우면서도 고소해 입에 착 달라붙는 것이 과연 아일랜드 명품다운 요리였다.

아일랜드 제일의 맛집에서 부드럽고 고소한
육질의 정통 로스트 아이리시 비프를 맛보았다.

천지창조를
보았노라

　반트리에서 다음 목적지 켄메어까지는 N71 국도가 남북으로 길게 뻗어 있다. 아일랜드 지도를 준비해 갔지만 렌터카 내비게이션에 의존해 운전을 하였더니 마을 샛길을 지나 산길로 접어들었다. 국도보다 빠르게 질러가는

고갯마루에서 바라본 반트리 항

길이려니 했는데 점점 가팔라지면서 나중에는 낭떠러지 외길이 나왔다.

나는 약간의 고소공포증이 있어서 낭떠러지를 다른 사람보다 무서워하는데 차를 돌릴 방법이 없어 그냥 앞으로 나갔다. 그런데 고갯마루 끝을 올라가면 급한 내리막길이요, 왼쪽을 보면 까마득한 절벽이라, 가슴이 콩알만 해지면서 등에서 식은땀이 솟았다. 이 와중에 아이들은 롤러코스터라며 좋다고 손뼉을 쳤다.

올라갔다 내려갔다, 좌로 굽었다 우로 굽었다, 낭떠러지는 어디서 끝나며 이렇게 올라오면 내려가는 길이 또 얼마나 험할까 싶어 긴장하며 운전을 하였지만, 천지가 창조될 때의 모습과도 같은 그곳의 경치라니! 주변의 고봉은 한국의 대관령 정도의 높이였는데 어쩌면 이런 곳에 이토록 놀라운 비경이 숨어 있는 걸까. 무성한 관목 사이로 태초에 생성되었을 것 같은 돌무더기가 개천처럼 이어진 모습이 아무래도 현세 같지가 않았다. 한국인은 고사하고 아일랜드 사람 중에 이곳을 와 본 이가 몇이나 될까.

초목이 말라붙고 관목 가지가 앙상한 겨울 경치가 이렇다면 새싹이 파릇파릇 돋고 야생화가 만발하는 봄 풍경은 어떨까. 그 봄에 다시 오라면 올 수 있을까? 지금이야 멋모르고 산길을 더듬어 올라왔지만 이 무서운 길을 어찌 다시 차를 몰고 오겠는가.

양의 등에 붉은 줄무늬를 그려 놓았다.

안전한 곳에 차를 세우고 아련하게 보이는 반트리 항과 운무에 뒤덮인 녹보이 산릉의 아름다운 경치를 원없이 감상하였다. 이 높은 산록에 양떼들이 놀고 있는데, 양 등에는 알록달록 페인트칠이 되어 있다. 아마도 주인이 자기 양을 구분해 놓은 것 같다.

다행스러운 것은 그 고갯길을 넘어오면서 앞뒤로 단 한 대의 차량도 만나지 않았던 것이다. 그때 반대 방향에서 차가 왔다면 어찌했을까 생각하면 지금도 머리가 쭈뼛해지며 식은땀이 난다. 험하고 무서웠지만 경치는 최고였던 좁은 산길을 벗어나 넓은 길에 다다라서야 안도의 숨을 쉬었다.

N71 국도를 달렸다면 20분이면 왔을 것을 1시간이나 바들바들 떨며 산길을 운전해 온 것이다. 덕분에 아일랜드 사람도 못 봤을 태초의 신비로운 절경, 눈물이 쏟아질 것 같은 아득한 풍광을 마음껏 구경하였다.

딩글 반도의 낙조

가슴 저미도록 아름다운 딩글 반도의 낙조

땅거미가 밀려오는 딩글 반도의 오길스 해변

켄메어부터 킬러니까지 N72 국도 역시 산이 많아서 꼬불꼬불한데다 중간 중간에 산정에서 본 경치와 비슷한 신비로운 풍광이 나타났다. 아일랜드 여행은 굳이 명소를 찾아다니지 않더라도 오며가며 보는 멋진 풍광으로 족할 것 같다.

아일랜드 남서쪽에 있는 케리는 이 나라에서 산수가 가장 수려한 곳이다. 킬러니 국립공원의 아름다운 호수와 태고의 신비를 간직한 경치에는 숨이 막힐 지경이었다. 이베라 반도를 한 바퀴 도는 케리 순환도로는 아일랜드 최고의 드라이브 코스로 알려져 있다. 킬러니 못 미처 나타난 린이라는 드넓은 호수도 작은 관목이 돌무더기와 어우러져 있어 감탄사가 절로 나왔다.

국립공원의 동물원과 농장은 겨울이라 모두 휴장이었다. 잔뜩 기대했다가 실망한 아이들을 싣고 딩글 반도로 가서 오길스 근처 해변에 내려놓았다.

마침 해가 뉘엿뉘엿 넘어가고 있었는데, 해군 생활을 하면서 해가 뜨고 지는 광경을 무수히 보아왔지만 그때처럼 황홀한 낙조를 본 적은 없다. 떨어지는 태양이 구름과 바다를 온통 빨간빛으로 물들여 어디가 바다고 어디가 하늘인지 분간할 수가 없었고, 집채만한 파도가 포효하며 밀려들어 웅장하기 그지없었다.

끝없이 펼쳐진 백사장이 차가 지나가도 빠지지 않을 정도로 잘 다져져 있어 아이들은 백사장에서 뛰어놀며 땅거미가 밀려와도 떠날 생각을 안했다. 훗날 아름이는 그때 그 바다가 아일랜드 여행 중 가장 기억에 남는다고 했다.

자연을 있는 그대로
두는 것이 보호다

리머릭이라는 큰 도시의 트래블로지에서 하룻밤을 보내고 아일랜드 최고의 절경이라는 세계자연유산 모헤르 절벽을 보기 위해 서둘러 길을 나섰다. 그런데 주차장 입구에 바리케이드가 내려져 있어 주차할 곳을 찾느라 한참 헤맸지만 결국 찾지 못했다. 인터넷 정보로는 겨울철 개장시간이 9시 30분으로 되어 있었는데 와서 보니 11시였다. 할 수 없이 바리케이드 앞 한쪽에 차를 세웠는데 딱지를 떼일까 봐 가슴이 조마조마했다.

클레어 주 서쪽 해안에 있는 모헤르 절벽은 최고 214m의 까마득한 절벽이 장장 8km에 걸쳐 펼쳐져 있다. 사실 내가 본 사진에는 모헤르 절벽 위 초원에 야생화도 많고 절벽에는 온갖 새들이 둥지를 틀고 있었는데 겨울이어서 그런 아름다운 정경은 볼 수 없었다.

하지만 사시사철 변함없이 대서양의 파도를 맞으며 장엄한 자태를 뽐내고 있는 모헤르 절벽의 경치는 압권이었다. 아일랜드를 대표하는 관광지로 매년 100만 명 넘게 관광객이 찾는다는데, 겨울 이른 아침 쌀쌀한 바닷바람을 맞으며 구경하는 이는 우리밖에 없었다.

더블린으로 가는 길은 버렌 국립공원을 가로질러 고트와 애슬론을 경유하는 노선으로 잡았다. 아일랜드 국립공원 중 가장 작은 버렌 공원은 역사,

유네스코 지정 세계자연유산으로 아일랜드 최고의 절경인 모헤르 절벽

애슬론 근교에 있는 리 호수

지리, 고고학적으로 매우 중요한 지역으로 공원 안에 선사시대 고인돌이 90여 기나 있다. 이 지역은 유럽 최대의 카르스트 지형 중 하나로 빗물이 지표면을 흐르지 않고 지하로 스며들기 때문에 하천도 없고 키 높은 나무도 없다. 크고 작은 석회암이 누워 있기도 하고 삐쭉 솟아 있기도 한 평원에 관목 덤불이 무성했다.

아일랜드에는 아름다운 호수가 많은데 겨우 린 호밖에 보지 못해 점심으로 준비해 온 도시락을 멋진 호숫가에서 먹기로 하고 애슬론 근교에 있는 리 (Ree) 호수 쪽으로 차를 몰았다. 교통 체증이 심해 목적지까지 가는 데 시간이 걸리기는 했지만 리 호수는 운치도 있었고 찰랑이는 물가에서 도시락을 먹는 재미 또한 그만이었다.

아름이의 여행노트

아일랜드에서는 웅장한 건축물을 구경하는 것보다 아름다운 경치를 많이 보았다. 버렌 국립공원은 차를 타고 지나가면서 보았는데, 아무 특징도 없는 벌판과 산이었다. 대개 국립공원이라면 국가에서 보호할 정도로 경치가 아름다워서 관광객이 많이 찾게 되는데, 버렌 국립공원에는 관리사무소도 관광객도 보이지 않았다.

국립공원을 가로지르는 도로는 차 두 대가 만나면 비껴가기도 어려울 정도로 좁고 도로 옆의 주택들도 그렇게 멋지지 않았다. 우리나라와 같은 숙박시설이나 위락시설도 보이지 않았다.

국립공원이 가꾸고 꾸미는 것이 아니라 있는 그대로 보전하는 것이라는 것을 보여 주는 것 같다. 자연은 손대지 않고 내버려두는 것이 가장 확실한 보호가 아닐까.

더블린 어스름에
기네스 한 잔

짧은 기간에 먼 거리를 돌아다니다 보니 아일랜드의 수도 더블린을 볼 시간이 부족했다.

당초 모헤르 절벽을 보고 그냥 더블린으로 내달아 오후 1시에 도착하려고 했는데, 더블린으로 오는 길에 작은 도시들을 통과할 때마다 교통정체로 시간이 걸린데다 경치 좋은 곳에서 도시락을 먹느라 오후 4시가 되어서야 더블린에 도착했다.

겨우 한두 곳을 볼 수 있는 시간이어서 기네스스토어하우스로 향했다. 기네스가 아일랜드를 먹여 살린다고 할 만큼 기네스 맥주는 아일랜드의 긍지와 자부심이요 국가 경제의 반석이다.

기네스스토어하우스 입구

기네스스토어하우스에서의 맥주 시음

한화로 2만 원 정도 입장료를 내고 기네스스토어하우스에 들어가 1759년 창립한 기네스의 역사와 맥주 제조 공정을 돌아보았다. 더블린 본사 공장에서는 매년 11만여 톤의 보리를 맥주 제조에 사용하고, 이곳 외에 35개국에서 기네스 흑맥주를 생산하고 있으며, 전 세계에서 매일 1천만 잔 이상 소비되고 있다고 한다. 보리농사를 지어 볶고 빻아서 물과 섞어 발효시켜 오크통에 저장하는 공정, 그리고 세계 각국으로 실려 나가 소비되는 과정을 한눈에 볼 수 있게 꾸며 놓았다.

3층에서는 오리지널 맥주를 시음하도록 한 모금씩 주고, 건물 꼭대기인 7층 전망대 바에서도 기네스 맥주를 한 잔씩 가득 따라 주었는데, 더블린 시내를 바라보며 흑맥주잔을 기울이고 있으니 신선이 된 듯한 기분이었다. 남산 서울타워나 여의도 63빌딩 전망대처럼 확 트인 조망이었는데, 마침 해가 서산으로 넘어가고 있어서 노을에 젖은 더블린의 환상적인 야경을 볼 수 있었다.

시내 한쪽 주차장에 차를 세워 놓고 더블린 밤거리로 나갔더니 크리스마스 선물을 사려는 사람들로 북적거렸다. 셰익스피어, 단테 등 유명 작가의 초판 작품이 보관돼 있다는 트리니티대학도 건물만, 그것도 밤에 슬쩍 보는 것으로 아쉬움을 달랜 후 숙소로 향했다.

아일랜드에서의 마지막 날, 아침을 먹은 후 짐을 꾸려 차에 싣고 피닉스 공원으로 갔다. 공원 입구에 거대한 웰링턴 기념비가 서 있다. 1815년 워털루 전투에서 나폴레옹을 대파해 연합군에게 최후의 승리를 안겨 주었고 영국 보수당 당수와 총리까지 지낸 웰링턴 장군이 아일랜드 더블린 출신이라는 것을 처음 알았다. 마치 베를린올림픽 마라톤에서 금메달을 딴 손기정 선수를 일본인으로 알고 있는 것과 마찬가지라고나 할까.

면적이 무려 1,760에이커(215만 평)로 유럽에서 가장 큰 피닉스 공원 산책을 끝으로 아일랜드 여행은 끝이 났다. 짧은 기간에 차를 타고 참으로 먼 거리를 돌아다녔다. 해외여행이란 것이 항상 수박 겉핥기요 주마간산이지만 이번 여행에서 아일랜드의 숨막힐 듯한 비경을 가슴에 담아 뿌듯하였다.

아름이의 여행노트

더블린에서 유명한 기네스 맥주공장에 가 보았는데 3층에 시음용 맥주 수십 잔이 테이블 위에 있었다. 엄마와 아빠는 한 잔씩 드시고 나에게도 맛만 보라며 한 잔을 주셨다.

그런데 입을 대려는 순간 관리원이 쏜살같이 뛰어와 잔을 빼앗더니 미성년자는 술을 마실 수 없다며 엄마 아빠를 나무랐다. 술을 마시는 것도 아니고 혀끝으로 살짝 맛만 보려고 했는데 그것도 안 된다며 무척 화를 냈다.

피닉스 공원의 웰링턴 장군 기념비

아일랜드에서 나오기

들어올 때 까다롭던 아일랜드는 나갈 때도 다른 공항과 달랐다. 항공사 카운터에 여권과 항공권을 제출했더니 탑승 수속만 해 주면 될 것을 항공기 도착지인 영국 비자를 꼼꼼히 확인하였다. 한국과 영국이 비자면제협정이 체결되어 있으니 비자는 확인할 필요가 없건만, 더구나 입국심사대도 아니고 출국심사대도 아닌 항공사 카운터에서 비자를 확인하다니 이 무슨 해괴한 일인가. 그리고 뭐가 잘못됐는지 대표로 한 사람의 여권을 다른 곳으로 가지고 가서 확인까지 해 온 다음 탑승권을 주는 바람에 짜증이 났다.

그 다음에 진행된 일련의 절차 역시 전혀 생각지 못한 것이었다. 일단 탑승권을 받은 후에는 출입국 검사가 끝이었다. 영국과 아일랜드가 분명히 다른 나라인데 출국심사 없이 그냥 들어가 비행기를 탔고 영국에 도착하니 아예 국내선 통로로 연결되어 있어 아무 검사도 제지도 없이 공항을 빠져나왔다. 출국도 입국도 심사 없이 통과해 보기는 처음이었다. 항공사 직원이 비자를 체크한 까닭을 그제야 짐작할 수 있었다.

아일랜드 섬 북쪽, 이른바 얼스터 지방은 영국 영토이고, 아일랜드 섬 중부와 남부는 아일랜드공화국으로 되어 있다. 친구 중에 북아일랜드인이 있는데 그는 여권을 두 개 가지고 있다. 하나는 영국 것, 또 하나는 아일랜드 공화국 것인데, 둘 중 아무거나 사용해도 된다고 한다. 그러니 북아일랜드에

구름바다 위를 나는 라이언 에어(아일랜드의 대표 항공)

사는 주민은 본인의 의사에 따라 영국 또는 아일랜드 여권을 신청할 수 있고 경우에 따라 두 개 다 신청할 수도 있나본데, 법적으로 영국 국민인데 어떻게 아일랜드 여권을 신청할 수 있는지 이해가 되지 않았다. 헌법상으로 북한도 한국 영토(미수복 지역)로 되어 있는데 그렇다고 북한 주민에게 한국 여권을 발급해 주는 경우는 없지 않은가.

월드컵 축구 때 영국은 잉글랜드, 스코틀랜드, 웨일스, 북아일랜드, 모두 4팀이 예선에 나가고 예선을 통과하면 4팀이 한꺼번에 본선에 나갈 수도 있다. 아일랜드공화국은 별도로 예선에 참가하여 본선에 진출할 수 있으니 경우에 따라서 아일랜드(공화국)와 북아일랜드(영국의 일부)가 함께 월드컵 본선에 진출하는 경우도 있을 수 있는 것이다.

그런데 럭비는 다르다. 영국에서 가장 인기 있는 스포츠의 하나가 럭비요, 그 중 가장 권위 있고 인기 있는 대회가 6개국 대항전인데 여기서 6개국이란 잉글랜드, 스코틀랜드, 웨일스, 아일랜드, 프랑스 그리고 이탈리아를 말한다. 북아일랜드가 빠져 있어 영국 친구에게 물어보았더니 북아일랜드는 아일랜드 팀에 포함되어 있다고 한다. 북아일랜드가 엄연히 영국(UK)에 속하는데 전혀 국가가 다른 아일랜드공화국과 한 팀이 되어 경기에 나간다니 어안이 벙벙하였다.

영국에서 총선거를 실시할 때는 영국에 거주하는 아일랜드공화국 국민에게 영국인과 똑같은 선거권을 준다. 영국과 아일랜드, 두 나라의 관계가 참으로 묘하다.

튤립 향기에 취하다

서유럽

19개의 풍차가 있는 마을

유럽 대륙에 들어서서 처음 찾은 곳은 1997년 유네스코 세계문화유산으로 지정된 네덜란드의 아름다운 풍차마을 킨더다이크다. 내가 가지고 있는 한국어 안내서에는 킨더다이크에 대한 소개가 없었다. 나중에 보니 그 책의 네덜란드편 표지사진은 킨더다이크였는데 정작 내용에는 잔세스칸스 풍차마을만 소개하였고 킨더다이크는 언급조차 하지 않은 것이다. 유럽 자동차 여행을 하고 돌아온 친구의 추천으로 이곳을 찾은 것은 큰 행운이었다.

운하를 따라 19개의 풍차가 그림같이 늘어서 있는 아름다운 풍차마을 킨더다이크

　암스테르담에서 남쪽으로 60마일 떨어진 곳, 로테르담 근처에 있는 킨더다이크는 네덜란드 최대의 풍차마을로 1740년대에 만든 19개의 풍차가 강변에 늘어서 있다. 이 중 제3호 네더와드 풍차는 유료 관람이 가능했는데, 풍차 자체가 한 동의 주택이었다는 것을 처음 알았다. 풍차 안에는 침실과 부엌이 옛 모습 그대로 보존되어 있어 과거 네덜란드 사람들의 생활을 엿볼 수 있었다.

　킨더는 유치원이라는 영어단어(kindergarten)에서 알 수 있듯이 '어린이'란 뜻이고 다이크는 '제방'이란 의미이니 마을 이름이 '어린이 제방'인데, 그 유래가 재미있다. 1421년 네덜란드에 큰 홍수가 나서 이곳으로 목제 요람 하나가 떠내려 왔는데, 고양이가 요람 위를 앞으로 뛰었다 뒤로 뛰었다 하며 중심을 잡아 요람이 가라앉지 않았고 건져서 보니 그 안에 어린이가 있었다고 한다. 고양이 덕분에 어린이는 무사했고 여기에서 킨더다이크라는 마을 이름이 생겨났다.

　7월과 8월 토요일에 풍차의 날개가 돌고 9월 두 번째 주 밤에는 이 풍차를 현란한 조명으로 수놓는다고 하니 그때 다시 한 번 와 보고 싶다.

튤립 향기에
취하다

눈길 닿는 곳까지 튤립밭이 펼쳐져 있다.

여행을 하다 보면 이곳에 들어갈까 말까 망설이는 경우가 종종 있다. 과연 비싼 입장료를 내고 들어갈 만한 곳일까, 괜히 시간만 허비하는 것은 아닐까 하고 주저하게 되는데, 나에게는 쾨켄호프가 그랬다.

말로만 듣던 네덜란드의 튤립공원 쾨켄호프는 입장료가 1인당 20유로가 넘는다는 소문을 듣고 건너뛰려다 들렀는데, 3인 가족 입장료가 주차료 포함 39.5유로(67,000원)였으나 전혀 아깝지 않은 대단한 구경거리였다. 여행안내서에 세계 최대 어쩌고 해도 가서 보면 실망하곤 했는데, 쾨켄호프는 정말 대단했다. 총면적 32ha에 튤립 뿌리는 700만 개가 넘고, 관람객이 많을 때는 하루에 80만 명이 들어와 당일 입장 수입만 150억 원 이상이라는 것이다.

봄 공원을 수놓은 형형색색의 튤립 꽃은 보아도 보아도 질리지 않았다. 산책로 양편, 시냇가, 연못 건너편, 어느 곳에 눈을 돌려도 온통 화려한 튤립 숲이어서 용인 에버랜드 튤립 축제 때 손바닥만한 튤립 밭만 보아 온 나는 놀라지 않을 수 없었다.

튤립만 보면 질릴까 봐 중간에 조랑말과 양, 염소 등을 풀어 놓은 작은 동물원도 만들어 놓았고, 네덜란드의 상징인 멋들어진 풍차도 세워 놓았다. 풍차에 오르니 조그만 도랑 너머로 마치 양탄자를 깔아 놓은 듯한 광활한 튤립 밭이 아스라이 펼쳐져 있어 그야말로 장관이었다. 꽃밭에 나비가 되어 보낸 행복한 하루였다.

광활한 꽃밭에 원색의 튤립이 만개한 쾨켄호프

쪽방에 배어 있는
안네의 향기

    유럽의 도시는 모두 비슷비슷해 마드리드에서 헬싱키까지 천편일률적이지만 그러면서도 도시마다 특색이 있다. 낮에도 잭나이프를 든 강도가 설친다는 소문이 무서워 배낭여행 때 건너뛴 암스테르담을 이번에 차근차근 돌아보았다.

운하의 도시 암스테르담에는 수상가옥이 많다.

안네 프랑크 하우스

담 광장의 어지러운 놀이기구와 복잡한 시내는 그렇게 매력적이진 않았지만 도시 모습은 한 마디로 예뻤다. 도시를 싸고도는 운하와 아래층보다 위층이 튀어나온 독특한 구조의 주택들, 그리고 자동차 도로만큼 넓고 잘 되어 있는 자전거 도로가 인상적이었다.

그 유명한 안네 프랑크 하우스가 있는 곳도 암스테르담이다. 중학교 교과서에 두 편인가 실린 안네 프랑크의 일기, 나는 그냥 '안네의 일기'가 독일인에게 핍박받은 유대인의 이야기로만 알고 있었다. 성인이 되어 그 일기를 읽고 사춘기 소녀의 애틋한 사랑 이야기가 담겨 있다는 것을 알았다.

독일에서 망명해 온 안네 가족이 유대인 박해를 피해 살았던 프린선흐라흐트 263번지 안네 프랑크 기념관을 찾아, 말로만 듣던 책장으로 된 비밀문 안쪽의 은신처를 돌아보았다. 답답한 공간 곳곳에 65년 전 한 소녀가 느꼈을 독일인에 대한 증오와 사춘기에 겪었을 아련한 첫사랑의 향기가 가득 배어 있는 듯했다.

아름이의 여행노트

아빠도 나도 좋아하는 책이 '안네 프랑크의 일기'다. 바로 그 일기를 쓴 집, 안네가 살았던 집에 왔다. 안네는 일기에 자기 집을 자세히 묘사해 놓았는데 거기 나오는 책장 뒤편의 비밀방도 직접 들어가 보았다. 안네의 집은 생각보다 넓었는데 그래도 밖에 나가지 못하고 종일 그곳에서 생활해야 했으니 얼마나 답답하였을까.

그렇게 답답한 공간에서 벗어나 밝은 세상 빛을 담뿍 받으며 사는 날이 왔더라면 정말 좋았을 텐데, 1944년 8월 1일 게슈타포에 체포되어 강제수용소로 이송되었다가 나치 독일이 패망하기 2개월 전인 1945년 3월 12일에 열다섯 살 어린 나이에 세상을 떠났다는 설명을 들으니 안네가 한없이 가여워 눈물이 왈칵 쏟아졌다.

여기까지가
로마의 식민지

독일은 땅이 넓어 한 번에 여행할 수 있는 곳이 한정되어 있다. 이번에는 쾰른에서 시작하여 본과 로렐라이 언덕을 거쳐 하이델베르크와 뮌헨 순으로 여정을 잡았다. 구석구석을 다 볼 수가 없어서 쾰른 대성당과 본의 베토벤 생가 등 유명한 곳을 돌아보기로 했다.

하루 3만 명이 찾는다는 쾰른 대성당은 1248년부터 1880년까지 632년에 걸쳐 완성되었다. 물론 중간에 공사가 잠시 중단된 적도 있지만, 보통 200여 년 걸려 완성한 유럽의 다른 성당들보다 훨씬 더 오랫동안 공을 들인 것이다.

하늘을 찌를 듯이 솟아 있는 157m의 첨탑이 2차 세계대전 중 연합군의 좋은 표적이 되어 70발의 폭탄 세례를 받았는데도 워낙 견고해서 거의 파괴되지 않아 복원작업을 거쳐 옛날 그대로의 위용을 뽐내고 있다.

내부에는 대단한 보물이 몇 점 있다. 하나는 신약성경에 나오는 세 동방박사의 유골함인데, 1864년 이 함을 열었을 때 동방박사의 유골과 2천 년 전의 옷이 발견되었다고 한다. 또 하나는 게로의 나무십자가로 960년경 게로 대주교가 세운 이 참나무 십자가는 알프스 이북 지방에서 가장 오래된 것이라고 한다.

대성당이 웅장하기는 하지만 주위에 현대식 빌딩이 에워싸고 있어 먼발치서 성당 전체 모습을 감상하기가 어렵고, 먼지가 쌓이고 쌓여 원래의 대리석 색깔은 간데없이 숯검정을 입혀 놓은 것 같아 안타까웠다.

원래 쾰른이라는 도시 이름의 어원이 식민지를 뜻하는 '콜로니'에서 온 것으로 이곳까지가 로마 지배 지역이었고 라인 강 건너편은 로마 사람들이 야만인이라고 부르던 게르만족이 거주하던 지역이었다. 로마와 게르만의 경계였던 쾰른 양쪽 지역의 역사 유물을 수집하여 전시해 놓은 로마 게르만 박물관이 쾰른 대성당 바로 옆에 있다.

이 박물관에는 서기 220년경 제작되었다는 걸작 디오니소스 모자이크가 있다. 수백만 개의 석회암 조각과 자기, 유리 등을 붙여 만들었는데 박물관의 바닥을 70㎡(21평)나 차지하는 대형 작품으로 포도주의 신인 디오니소스

쾰른 대성당

로마 게르만 박물관

가 술에 취한 채 큐피드, 판, 무희들에게 둘러싸여 있는 아름다운 모자이크
다. 1941년 2차 세계대전 때 방공호를 파다가 현재 로마 게르만 박물관이
있는 바로 이 장소에서 발견하였다고 한다.

모자이크 옆에 AD 40년경의 것을 복원했다는 로마 장군 포블리키우스
의 무덤도 있는데 높이가 14.5m로 1층이 모자라 2층까지 솟아 있었다. 로마
게르만 박물관에는 두 개의 걸작 외에도 비석, 골동품, 장신구 등 많은 유물
을 시대별로 구분하여 전시해 놓았다.

쾰른 성당과 로마 게르만 박물관 관람을 마치고 바로 옆 라인 강변에서
시원한 바람을 쐬었다. 파리의 센 강이나 런던의 템스 강에 비해 강폭은 매
우 넓지만 양안에 아름다운 건물이 별로 없고 현대식 건물이 쭉쭉 솟아 있어
운치는 덜했다.

베토벤이 태어난
다락방

　독일은 우리나라와 마찬가지로 분단국가였고 그렇게 둘로 나뉘어져 있던 서독의 수도가 바로 본이었다. 1949년 서부독일연방공화국의 수도가 되면서 중앙정부의 집행부와 국회가 이곳에 있었지만, 1990년 통일 독일의 수도 베를린으로 중앙정부기관이 옮겨가면서 수도의 기능을 상실하였고, 이제는 공공기관 대신 사기업이 도시 명맥을 유지하고 있다. 유엔 산하 환경 관련기관 사무실이 몇 개 있고 세계적으로 유명한 탁송회사인 DHL의 본부가 이곳에 있다.

　본에 굳이 들른 이유는 어려서부터 피아노를 배워 지금도 연주를 곧잘 하는 아름이가 좋아하는 베토벤의 탄생지이기 때문이다. 귀가 들리지 않는데도 훌륭한 합창교향곡을 작곡해 우레와 같은 박수를 받았지만 이를 알지 못해 옆 사람이 알려 주었다는 가슴 뭉클한 이야기를 초등학교 때 읽은 적이 있고 운명교향곡, 전원교향곡 등이 중고등학교 음악시험에 약방의 감초처럼 등장하였기 때문에 나도 베토벤의 음악을 조금은 알고 있었다.

　시내에 들어서자 광장에 우뚝 서 있는 베토벤 동상이 우선 눈에 들어왔다. 베토벤 탄생 75주년을 기념하여 1845년에 세운 것으로 베토벤의 동상 중 최초의 것이라고 한다. 이곳에서 멀지 않은 곳에 베토벤의 생가 겸 기념관이 있다.

3층 건물인 베토벤의 생가는 다른 예술가의 생가와 비슷하게 박물관으로 고쳐 문을 열었다. 작은 정원은 베토벤의 동상과 흉상들로 장식되어 있는데, 마침 견학 온 독일 초등학교 어린이들로 북새통을 이루고 있어 여유롭게 돌아보지 못하였다.

아름이의 여행노트

나도 다른 아이들처럼 유치원부터 초등학교 마칠 무렵까지 피아노를 배웠다. 대개 어머니들이 그때 미술학원도 보내고 피아노학원도 보내기 때문에 어렸을 적 꿈이 화가 아니면 피아니스트인 경우가 많은데, 나도 한때는 미술과 음악에 무척 소질이 있는 줄 알고 예술가가 되겠다고 야무진 꿈을 꾸었었다.

피아노를 배우면서 내가 좋아한 음악가는 베토벤이었다. 모차르트를 좋아하는 사람이 많았지만 나는 왠지 베토벤이 더 좋았다.

우리 가족이 찾은 베토벤 생가는 그의 부모님이 결혼해서 마련한 신혼집으로 짧은 기간 동안 거주했던 곳이다. 1층에는 식당과 다용도실이 있고 2층에는 큰방 하나 작은방 2개가 있는데 베토벤의 자필 악보와 악보집, 악기, 생활용품이 전시되어 있고 가족의 초상화도 걸려 있었다. 베토벤의 할아버지는 궁정의 베이스 성악가이면서 음악감독을 지냈고 아버지도 테너였다고 하니 대대로 예술적 재능이 뛰어났었나보다.

3층 작은 다락방에서 1770년 12월 16일 베토벤이 태어났다고 한다. 1년 후 베토벤의 부모님은 다른 곳으로 이사를 해 여러 곳을 전전하며 살았는데 다행히 생가가 남아 있어서 이렇게 기념관으로 쓰고 있다. 지금의 기념관은 베토벤 사망 후에 생가 옆에 있던 이웃집까지 사서 넓힌 것이라고 한다.

한글로 된 안내서가 있는 것은 좋았지만, 관람객이 너무 많아 제대로 보지 못한 점은 아쉬웠다.

베토벤 박물관. 베토벤이 이 집 3층에서 태어나 갓난아이 시절을 보냈다고 한다.

베토벤 박물관 정원에 있는 베토벤의 흉상

이것이 강이다

　　로렐라이 언덕을 다녀온 사람들로부터 잔뜩 기대를 하고 갔었는데 별것 아니어서 실망했다는 이야기를 많이 들었다. 기대가 크면 실망이 큰 법이지만, 반대로 별 기대 않고 가면 뜻밖의 만족을 얻는 것 같다.

로렐라이 언덕에서의 조망

라인 강변의 어여쁜 마을 옆을 지나는 벌크선

　우선 코블렌츠에서 로렐라이까지 라인 강을 따라 달리는 강변도로가 환상적이었다. 문득 양수리 북한강변 길이 생각났지만 가도 가도 끝없는 넓고 길고 아름다운 강, 정말 '이것이 강이다' 라고 알려주는 듯했다.

　강가의 주택과 포도밭은 왜 그리 예쁘고, 이따금 보이는 산등성이의 고성은 또 얼마나 웅장하던지. 신록의 4월, 강변의 초목에 연둣빛 새싹이 반짝반짝 돋아나는 것이 신비롭기 그지없고, 로렐라이 언덕에서 본 라인 강변의 경치에 가슴이 터질 것만 같았다.

　누가 이 언덕을 시시하다고, 벨기에의 '오줌 누는 아이'와 네덜란드의 '인어공주' 상과 함께 유럽의 3대 실망 중 하나라고 했던가? 나에게는 사공을 유혹하는 여인의 아름다운 노랫소리가 금방이라도 들려올 것 같은 신비의 언덕이었다.

하이델베르크의 봄

새순이 돋아나고 봄꽃이 피어난 아름다운 하이델베르크

19년 전 배낭여행으로 처음 와 본 하이델베르크를 다시 찾았다. 다른 독일 도시들은 이번 여행이 첫 번째인데 하이델베르크만 두 번째다. 하이델베르크 성과 하우프트 거리, 대학감옥, 괴테와 야스퍼스가 거닐며 사색에 잠겼

다는 철학자의 거리 필로소펜벡의 기억이 남아 있었지만, 아름이를 위해 여행 일정에 넣었다.

네카르 강변에 하얀 꽃이 만발한 초봄의 하이델베르크는 여름날의 감흥과 사뭇 달랐다. 초록빛 나무와 하얀 봄꽃 사이로 드러난 붉은 하이델베르크성은 어여쁜 한 폭의 수채화였다.

배낭여행 왔을 때 싼값에 주린 배를 채우던 멘자(학생식당)가 생각나 지나가는 여학생에게 물어보았더니 친절하게 알려주었다. 옛날에는 식권을 낱장으로는 팔지 않아 현지 학생에게 사정해서 한 장을 구해 먹었는데, 이제는

오르기에 조금은 숨이 찬 필로소펜벡 가는 길

뷔페식으로 바뀌었고 카운터에서 무게를 달아 돈을 받았다. 일반인의 음식값은 학생보다 조금 비쌌지만 주변 식당에 비하면 반값도 안됐다. 우리 식구 셋이 바비큐를 포함해 배불리 먹은 음식 값이 15유로(26,000원), 인근 한국 식당의 1인분 식대(18유로)도 안 되는 가격이었다.

대학박물관으로 개방하고 있는 하이델베르크 구 대학도 다시 찾았는데 옛날에 비해 관광객이 적었다. 찾아오는 사람이 많지 않아서인지 안내원이 강당(Die Alte Aula)을 보지 않겠느냐고 권유하여 따라가서 보았다.

강당은 위층에 있었는데 평상시에는 개방을 하지 않는 듯 커다란 문이 자물쇠로 굳게 잠겨 있었다. 안내원은 오로지 우리 가족을 위해 잠겨 있는 문까지 열어가며 강당 구석구석을 안내해 주었다.

강당이라고 해서 우리나라 학교 체육관 같은 것이 아니고 마치 중세 성당처럼 장엄했다. 천장은 아름다운 벽화로 장식되어 있고 거대한 샹들리에가 불을 밝히고 있었다. 홀에 있는 긴 의자도 사무용이 아닌 장인이 정성들여 만든 앤티크 스타일이다. 안내원은 이 강당이 1713년에 건축되었으며 이곳에서 하이델베르크 대학 입학식과 졸업식 등 중요한 행사와 학생들의 논문심사를 했다며 아주 자랑스러운 표정으로 설명을 했다.

저렴한 가격에 맛있는 음식을 먹을 수 있었던 멘자(학생식당)

하우프트 거리를 지나고 카를테오도어 다리를 지나 필로소펜벡으로 향했다. 네카르 강 양쪽 버들가지에는 연둣빛 새순이 파릇이 돋아나고 여울 따라 갓길에는 봄꽃이 흐드러지게 피어나고 있었다. 그늘이 드리워진 좁다란 돌길을 지나 철학자의 거리에 이르니 푸른 산을 배경으로 붉은 하이델베르크 성과 꽃나무와 어우러진 하이델베르크 시가지가 나그네의 숨을 막히게 했다.

독일의 대문호 괴테가 거닐며 사색에 잠겼다는 필로소펜벡, 나는 아름이와 오솔길 옆 벤치에 앉아 깊이 고뇌하는 철학자 흉내를 내었다. 당시 괴테가 사색에 잠기지만은 않았을지니, 저 아름다운 네카르 강변 경치를 보고 어찌 감탄하지 않았을까.

독일 맥주 안주로는
족발이 최고

뮌헨은 대도시다. 이런 대도시의 관광명소는 '안 봐도 비디오'다. 도시를 대표하는 큰 성당이나 교회가 우뚝 솟아 있고 그 앞에 광장이 있다. 이런 것들은 다른 유럽 도시에서도 많이 보았던 터라 맥주의 도시에서 색다른 체험을 해 보고 싶었다.

마리엔 광장과 장크트 미하엘 교회를 뒤로 하고 찾아간 곳은 정통 독일 맥주와 족발 안주가 그만이라는 세계에서 제일 큰 맥줏집 호프브로이하우스로 단아한 3층 건물이 통째로 맥줏집이다. 서울에 이보다 더 큰 맥주홀이 있을 법한데 어쨌든 세계 최대란다. 10월 맥주 축제 때는 1층에서만 7천 명이

세계에서 가장 큰 맥주집 호프브로이하우스

선 채로 맥주를 마신다는데, 때이른 4월이라 북적
대지 않았고 대부분 가족인 듯한 사람들이
테이블에 편안하게 앉아서 맥주와 요리를
즐기고 있었다.

호프브로이하우스의
맥주잔 받침

　맥주를 별로 좋아하지 않는 아내도 어디서
들었는지 족발 안주 맛을 보겠다고 독일 국경에
들어설 때부터 성화여서 '아이스바인'이라는 족발
요리를 주문했다. 맥주 맛은 싸하고, 안주는 달콤하고,
작은 무대에서 연주하는 실내 앙상블은 감미로웠다.

　독일 하면 기술이 최고인 나라, 특히 자동차 제조기술이 으뜸이다. 그래
서 과학박물관을 찾아갔다. 이곳은 범선에서 전투함까지 온갖 선박 종류를
전시해 놓은 제1박물관, 각종 자동차와 기차, 오토바이 등을 전시한 제2박
물관, 항공기와 헬리콥터 등 날아다니는 탈것을 전시해 놓은 제3박물관 등
세 곳인데 규모나 전시물이 어마어마했으며 각각 멀리 떨어져 있어 이동 시
간도 많이 걸렸다.

　말로만 듣던 정교
한 독일 자동차 기술
을 시대별로 관찰하
고 온갖 종류의 멋진
차들을 감상할 수 있
어서 기계공학에 관
심이 있는 학생이나
일반인에게 좋은 배
움터가 될 것 같다.

뮌헨 과학박물관 제3관(항공박물관)

도레미송을 부르던
푸른 언덕

'사운드 오브 뮤직'의 촬영지였던 미라벨 정원과 궁전

길을 걷는데 감미로운 음악소리가 들려 걸음을 멈추고 한참 들었다. 저 음악은 누가 작곡하였는데 이토록 나의 혼을 빨아들이는 것일까. 모차르트가 작곡한 세레나데 13번 '아이네 클라이네 나하트 뮤지크' 라는 것을 나중에 알았다.

'터키행진곡' 도 그랬고 '아를르의 여인' 도 그랬다. "이 음악 참 좋다" 하고 작곡가를 알아보면 늘 모차르트, 학창시절 나는 모차르트를 무던히도 좋아했다. 그리고 모차르트가 태어난 잘츠부르크도 그렇게 좋았다.

모차르트가 태어나 열일곱 살 때까지 살았던 집이 잘츠부르크에 있다. 그리고 모차르트 생가에서 가까운 곳, 잘차흐 강 건너편에 열일곱 살 때부터 스물네 살까지 살았던 집이 있다. 모차르트의 음악을 사랑하는 많은 사람들이 이 두 곳을 돌아보며 천재 작곡가의 발자취를 더듬는다. 그가 애용하던 작은 피아노와 바이올린, 손때 묻은 악보, 아버지와의 애틋한 정이 담긴 편지들, 그리고 가족들의 초상이 생가에 전시되어 있다.

잘츠부르크와 주변은 영화 '사운드 오브 뮤직' 의 촬영지이기도 하다. 중학교 2학년 때 수업까지 접고 전교생이 단체 관람한 그 영화를 그때는 잘 이

호엔잘츠부르크 성에서 본 풍경

해하지 못했다. 기억나는 건 마리아 수녀(줄리 앤드류스)가 트랩 대령 집으로 가는 길에 요란스럽게 기타를 흔들며 노래 부르던 것과 호수에서 타던 보트가 뒤집혀 마리아 선생과 아이들 모두 물에 빠진 생쥐가 되어 낄낄거리던 모습, 그리고 아이들이 나무에 매미처럼 매달려 장난치는 모습 정도였다.

이번 여행을 준비하면서 '사운드 오브 뮤직'을 다섯 번 보았다. 토막토막 기억나던 장면들이 이어지고 옛날에 가 본 촬영지가 새록새록 떠올랐다. 마리아 수녀가 트랩 대령의 일곱 아이들과 함께 도레미송을 부르던 알프스 푸른 언덕과 아름다운 미라벨 정원 그리고 언덕 위에 우뚝 솟아 있는 호엔잘츠부르크 성은 예나 지금이나 변함없었다.

17세기에 지은 미라벨 궁전 1층에 있는 대리석 홀, 모차르트가 잘츠부르크의 대주교를 위해 연주했다는 유서 깊은 방도 보았다. 이 홀에서는 지금도

요정이 살 것 같은 호엔잘츠부르크 성 바로 아래 예쁜 오두막

모차르트 음악 연주회가 자주 열린다는데, 빡빡한 일정 때문에 모차르트의 고향에 와서 정작 그의 음악은 들어보지 못하고 바쁘게 다리품만 팔았다.

숨을 헐떡이며 호엔잘츠부르크 성도 올랐다. 11세기에서 17세기까지 600여 년에 걸쳐 지은 이 성은 대주교의 거처였는데 지금은 군사박물관으로 갖가지 무기류와 고문기구 등을 전시해 놓았다.

잘츠부르크 성에서도 퀴퀴한 전시실의 무기를 둘러보는 것은 지루했지만 성채에서 바라보는 조망은 가슴이 후련했다. 영화 '사운드 오브 뮤직'에 나오는 아름다운 첨탑의 교회들과 잘차흐 강이 가로질러 흐르는 잘츠부르크 시내 모습이 한없이 정겹고, 파란 초원과 하얀 봉우리가 조화를 이루는 알프스의 삼삼한 풍경도 가슴 저미도록 아름다웠다.

아, 그리고 성 아래쪽, 넓디넓은 잔디밭 한가운데 살포시 자리잡고 있는 오두막 한 채, 도저히 사람은 살 것 같지 않고 요정들이 안에서 춤을 추고 있을 것 같은 동화 속 그림 같은 어여쁜 집 풍경이 가슴을 콩콩 뛰게 했다.

아름이의 여행노트

서유럽 여행을 떠나기 전에 나는 잘츠부르크에 대한 기대가 가장 컸다. 여행 준비를 하면서 온 가족이 영화 '사운드 오브 뮤직'을 여러 번 보았는데, 영화 속에 나오는 도시와 전원 풍경은 정말로 멋졌다.

잘츠부르크에서 처음 찾은 미라벨 정원은 예쁜 꽃들이 피어 있고 분수가 시원하게 물을 뿜고 있는 광경은 아름다웠지만 생각보다 작았다. 그렇지만 마리아 선생이 일곱 아이들과 뛰면서 도레미송을 부르던 산책로와 분수는 영화 장면과 똑같아서 나도 노래를 부르고 싶었다.

호엔잘츠부르크 성은 언덕 꼭대기에 있어서 숨을 헐떡이며 올랐는데, 그곳에서 잘츠부르크 시내 광경과 먼 알프스 산맥의 모습이 정말 아름다웠다.

봄도 즐기고
   겨울도 즐기고

산 아래는 초록이 싱그러운데 산정에서는 스키를 즐기고 있다.

츠뵐페르호른 정상 부근에 있는 눈 덮인 벤치

언제부턴가 오스트리아 여행안내서에 소개되기 시작한 멋진 관광지가 바로 잘츠카머구트다. 잘츠부르크 동남쪽, 버스로 1시간이 채 안 걸리고 자동차로는 30분이면 갈 수 있는 가까운 곳인데, 알프스 산맥의 빙하가 녹아 내리면서 만들어진 76개의 크고 작은 호수가 눈 덮인 연봉과 어우러진 오스트리아 제일의 경승지로 1997년 유네스코에서 세계자연유산으로 지정하였다.

그 중 잘츠부르크 쪽 초입에 있는 장크트 길겐은 코발트 빛깔의 아름다운 볼프강 호를 끼고 있어 경치도 빼어나고 모차르트의 어머니 안나 마리아가 태어난 곳이기도 해 많은 관광객들이 찾는다.

케이블카를 타고 1,522m의 츠빌페르호른에 오르니 아래는 봄꽃이 절정인데, 위에는 산정의 벤치가 폭 파묻힐 정도로 눈이 쌓여 있다. 스키어들이 나무숲 사이로 곡예를 하고 패러슈터들도 푸른 하늘을 날며 겨울과 봄을 여유롭게 즐기고 있었다.

정상에서 내려다보니 볼프강 호 외에도 할슈타트 호, 트라운 호, 몬트 호 등 여섯 개의 큰 호수가 눈 쌓인 알프스 연봉과 어울려 눈이 시리도록 아름다운 경관을 이루고 있다. 케이블카를 타고 내려오면서 본 차창 밖 풍경은 그대로 그림엽서였다. 경치가 예서 더 좋을 수 없으니 지상에 낙원이 있다면 여기가 바로 거기일 것이다.

아름이의 여행노트

아름다운 잘츠카머구트에 왔다. 알프스의 초원도 멋지고 새파란 호수도 예쁘다. 꽃 피는 봄인데도 산등성이에는 흰 눈이 가득 쌓여 있다. 케이블카를 타고 산꼭대기에 올라가 하얀 산과 파란 호수가 어우러진 멋진 풍경을 감상하였다.

관광을 미치고 돌아오는 길에 볼프강 호수 옆 휴게소에서 라면을 끓여 먹었다. 호텔에서 라면을 끓이면 냄새가 날 것 같아 야외에서 먹고 들어간 것인데, 여태까지 먹어 본 라면 중에서 가장 맛있었다.

우리가 타고 다니는 자동차에는 휴대용 가스버너가 있고 아이스박스 속에 김치와 단무지도 있다. 우리나라 휴게소에서는 요리를 해 먹을 수 없지만 유럽의 휴게소에는 요리를 해서 먹을 수 있는 탁자와 수도 시설이 있다. 이곳 사람들이 커피를 끓여 마시고 소시지를 구워 먹는 광경도 많이 보았으니 법을 어기는 것은 아닐 것이다. 야외에서 도시락을 먹거나 라면을 먹을 때는 꼭 소풍을 온 것 같은 기분이 들었다.

폐광인가
놀이동산인가

소금 광산이 있는 잘츠벨텐은 전형적인 알프스 산간 마을이다.

　이탑 호텔 직원에게 이 근방에서 가 볼 만한 곳을 추천해 달라고 했더니 도시 남쪽 할라인이란 곳에 있는 잘츠벨텐 소금 광산을 소개해 주었다. 이튿날 그곳으로 향했는데, 전형적인 알프스 산간 마을인 할라인은 초원과 침엽수림 사이로 예쁜 집들만 보여 도무지 광산이 있을 것 같지 않았다.

매표소에서 입장권을 산 다음 흰옷으로 갈아입고 리프트를 타고 한 층을 내려가자 광산 입구가 나왔는데 겨우 수레 하나가 드나들 정도로 좁았다. 시간이 되자 관람객을 평균대처럼 생긴 일자형 탈것에 태우더니 레일 위를 운전해 캄캄한 갱도 안으로 들어갔다. 무려 600여 미터를 더 들어가서 도보로 광산 내부를 살피며 앞으로 나갔다.

흰옷 덕분에 어두운 곳에서도 서로 식별이 가능했고 천장에서 떨어지는 물로부터 옷을 보호할 수도 있었다. 한쪽 발을 사다리에 디딘 채 위험한 자세로 소금을 캐고 있는 광부가 있어 자세히 보니 밀랍인형이었다. 염맥(鹽脈)을 따라 굴이 계속 이어지다가 광장이 나왔는데, 이 광장에서는 소금 광산 덕에 부유해진 잘츠부르크의 역사를 코믹하게 엮어 만든 안내 비디오를 보여 주었다.

소금의 발견과 채취, 운반 과정도 소개하였지만 가톨릭 수장인 대주교가 소금 채굴 및 판매권을 독점하고 있어 막강한 권력을 휘두르면서 예쁜 애인에다 자식까지 숨겨 두고 있었다는 코믹한 내용이었다.

소금을 캐는 광부. 밀랍인형이다.

갱도는 수평으로만 있는 것이 아니고 수직으로 수십 미터를 내려가기도 했는데 아래로 이동할 때는 계단도 리프트도 아닌 미끄럼틀을 이용했다. 지금은 폐광, 관광과 교육 목적으로 개장한 것이기에 놀이공원의 탈것과 비슷한 재미있는 미끄럼틀을 타고 수십 미터를 눈썰매 타듯 양다리를 벌리고 미끄러져 내려오도록 되어 있다. 만일을 대비해 옆에 계단이 있었지만 어린이고 노인이고 할 것 없이 모두 미끄럼을 타고 내려왔다.

소금을 캐기 위해 파놓은 갱도를 따라 한참 들어가니 이곳이 동굴 속인가 의심이 들 정도로 큰 호수가 나왔다. 참으로 이상하다 싶었는데, 사람이 파서 만든 것이 아니고 자연으로 조성된 것이라고 한다. 놀랍게도 호수 물에 염분이 가득하여 수분을 증발시키면 그대로 소금이 된다고 한다.

오색 전구가 반짝이는 아름다운 호수는 배를 타고 건넜다. 2시간 정도 걸린 소금 광산 견학은 놀이동산을 겸한 즐거운 관광 코스였다.

소금 광산에 대해 설명하는 가이드

아름이의 여행노트

산속에 소금 광산이 있다니! 사회 과학 시간에 암염에 대해 배운 기억이 어렴풋이 났지만 평지도 아니고 나무가 울창한 산속 수백 미터 들어간 동굴 속에 소금이 있다는 사실이 놀라웠다. 탄광에서 석탄을 캐듯 소금을 채굴했고 소금을 판매한 돈으로 잘츠부르크가 번영을 누렸다고 한다.

처음에는 강원도에 있는 폐광을 상상하며 별 생각 없이 들어갔는데 동굴 속이 놀이동산이었다. 소금 광산에는 롯데월드에서 본 놀이기구와 비슷한 것이 몇 개 있었다. 두 발을 벌리고 탄 무척 긴 미끄럼틀은 '신밧드의 모험'과 비슷했고, 호수를 건널 때 탄 배는 '정글 탐험'과 닮았다.

쓸모없는 폐광을 놀이를 겸한 자연교육장으로 만들어 관광객을 끌어모으는 아이디어가 놀랍다. 소금 광산을 보고 나오는데 안내원이 4cm 정도 되는 작은 통에 담긴 소금을 기념품으로 주었다. 소금 광산에서 직접 캐낸 것으로 품질이 좋으니 먹으라고 했지만 나는 기념으로 간직하고 있다.

빛바랜 황금 지붕

황금 지붕(가운데)과 시의 탑(오른쪽)

오스트리아 전통의상을 입고 아름다운 음악을 연주하는 거리의 악단

저가 호텔인 이탑과 아이비스만 이용하다가 인스브루크에서는 비록 3성급이지만 처음으로 호텔에 들었다. 시내 서쪽, 인 강 건너 산자락에 있는 호텔이었는데 가족실이어서 방이 널찍했고 침대도 킹사이즈에다 푹신해 역시 비싼 만큼 몸은 편안해진다는 것을 실감했다.

인스브루크는 동계올림픽이 두 번이나 열린 눈의 도시로 시내를 한눈에 굽어 볼 수 있는 제구르베 전망대(1,905m)가 유명한데, 이미 잘츠카머구트에서 케이블카를 탔고 이틀 후 융프라우 등산열차도 탈 예정이어서 짐을 객실에 옮겨 놓은 후 곧장 시내 관광에 나섰다.

인 강을 가로지르는 인 교(Inn Brucke)를 건너 구시가지로 들어가니 지붕에 2,657장의 황금빛 동판을 입혔다는 이곳의 심벌, 황금 지붕이 나왔다.

이 건물은 신성로마제국의 황제로 합스부르크 왕가를 유럽의 지배세력으로 만든 당시의 최고권력자 막시밀리안 1세가 광장에서 개최되는 행사를 관람하기 위해 1492년에 만들었다고 한다.

봄빛을 받아 눈부시게 빛나고 있을 줄 알았는데 세월 탓인지 청소한 지 오래돼서 그런지 지붕 빛깔이 칙칙한 고동색이었다. 500여 년 전 서유럽을 통합하려던 황제의 야심이 빛바래 있었다.

황금 지붕보다 100년 이상 앞서 건축했다는 높다란 망루인 시의 탑과 성 야곱 사원, 호프부르크 왕궁 등 구시가지의 명물을 둘러보았는데 동양인의 눈에는 다른 유럽 도시의 것과 크게 다르지 않았지만 그래도 궁정교회의 아름다운 천장화와 목제 파이프오르간은 인상 깊었다. 마침 오르간을 연주하고 있어 한참 감상하였는데, 창문 틈새로 스며드는 저녁 햇살을 등지고 있는 거대한 파이프오르간의 모습은 소리만큼이나 웅장하였다.

책이나 영상물에서 볼 때 아름답게 보이던 건축물보다는 구시가지 골목에 올망졸망 늘어서 있는 노점 앞에서 오히려 발길이 머물렀다. 수작업으로 만든 예쁜 인형과 깜찍한 장신구, 화려한 꽃무늬 가방들은 보는 것만으로도 즐거웠다. 예술의 도시답게 거리 악사들도 오스트리아의 전통의상을 입고 커다란 하프와 콘트라베이스를 연주하고 있었다.

시내 번화한 골목으로 들어가니 '스와로브스키'라는 크리스털 장신구 가게가 있었는데, 아내가 세계 최고 브랜드 크리스털 명품이라며 눈요기를 하자고 해 멋모르고 들어갔더니 진열장에 있는 호랑이 조각품 가격이 물경 5,700유로, 그러니까 1천만 원이어서 입이 쩍 벌어졌다.

넓은 매장에 아름다운 예술작품과 목걸이, 반지 등 번쩍이는 제품이 가득했는데 50유로 내외의 저가품도 있지만 대부분 고가여서 그냥 구경만 하고 나왔다.

리히텐슈타인 찍고
스위스로

　인스브루크에서 스위스 루체른으로 차를 몰고 가는데, 스위스에 가까워
질 즈음 꼭 주유소처럼 생긴 건물 앞에서 제복을 입은 관리가 차를 세우더니
한쪽으로 주차하라고 한다. 교통법규를 위반한 것도 아닌데 차에서 내리지
못하게 하고 험상궂은 표정으로 여권과 운전면허증을 달라고 했다. 도대체
뭘 잘못했느냐고 물어도 묵묵부답, 여권을 꺼내는 시간도 못 참아 빨리 내놓
으라고 다그쳐 까닭을 모르는 아내와 딸이 바짝 긴장하였다.

　5분쯤 후에 돌아온 그가 여권과 운전면허증을 돌려주면서 가라고 했다.
왜 그랬는지 이유나 알자고 하자 세관 검사였다는 대답이다. 그러니까 우리
는 리히텐슈타인 땅에 들어선 것이고, 주유소 같은 건물은 국경 검문소였으
며, 리히텐슈타인의 외교 업무를 담당하는 스위스 세관원이 통관 수속을 한
것이다.

　아름다운 나라 스위스에 들어서기도 전에 인상이 구겨졌다. 관광은 문화
유적과 아름다운 경관도 자원이지만 주민들의 친절 또한 더 큰 자원이거늘,
아름다운 알프스는 무엇이고 인상을 쓰면서 불친절한 관리는 무엇인지.

　유럽 국가는 대부분 EU 회원국이다. 프랑스, 독일, 영국은 물론 루마니
아, 불가리아 등 구 공산권 동유럽 국가들까지 27개국이 EU 회원국으로

가입했지만, 부자 나라인 스위스, 노르웨이, 아이슬란드는 가입하지 않고 있다. 아이슬란드는 섬나라이고 노르웨이는 대륙 북서쪽 끝에 있어서 큰 불편을 느끼지 않지만 유럽 한가운데 있는 스위스는 여행객을 곤란하게 만든다.

국경을 통과할 때마다 통관 수속을 해야 하고 화폐도 대부분 EU 공식 화폐로 쓰고 있는 유로 대신 스위스프랑을 사용해야 한다. 물론 스위스에서도 유로화를 받기는 하지만 환율 면에서 손해를 볼 수 있고 거스름돈은 얼마가 됐든 항상 스위스프랑으로 주니까 그곳에서 다 쓰고 나올 수밖에 없다.

차창 밖으로 본 리히텐슈타인의 봄 풍경

스위스 도로를 이용하려면 40스위스프랑을 주고 도로통행권을 사서 자동차 앞 유리창에 붙여야 하는데 유효기간이 일 년이다. 글쎄 1년 이내에 다시 자동차를 몰고 스위스를 올 일이 있을까? 한 번 창에 붙인 스티커는 다시 떼어내는 순간 조각조각 찢어져 다른 사람의 차에 옮겨 붙일 수도 없게 만들어 놓았다.

찜찜한 기분으로 리히텐슈타인에 접어들었다. 스위스와 오스트리아 사이에 끼어 있는 세계에서 여섯 번째로 작은 나라 리히텐슈타인은 160㎢에 인구 34,000명으로 서울의 한 개 동밖에 되지 않고, 국경 한쪽 끝에서 다른 쪽 끝까지 통과하는 데 5분도 안 걸린다.

현재 국가원수는 한스 아담스 2세 대공으로 룩셈부르크와 더불어 왕국이 아닌 공국이다. 모나코가 그러하듯 아름다운 우표를 발행하여 많은 수입을 올리고 그래서인지 우표의 역사와 과거 유럽 왕실에서 주고받던 우편물들을 전시한 우표박물관을 관광객들에게 무료로 개방하고 있다. 관람은 무료지만 이곳에 들른 관광객 중 기념우표를 사지 않는 이는 없다. 한스 아담스 대공이 살고 있다는 알프스 산록의 예쁜 리히텐슈타인 성은 먼발치서 보고 증명사진을 찍은 후 스위스로 향했다.

취리히 방향으로 A3고속도로를 달리다 보니 오른쪽으로 발렌슈타트 호수가 나왔다. 안내책에서 본 기억이 없는데 코발트빛 호수 뒤를 수십 길 알프스 산맥이 병풍처럼 받치고 서 있는 모습이 장관이었다.

호숫가 전망 좋은 곳에 휴게소가 있었는데 입구를 지나쳐 버려 아름다운 경치는 운전을 하며 차창 밖으로 즐길 수밖에 없었다. 혹시 휴게소가 또 나오려나 기대했지만 이내 호수가 끝나버려 두고두고 아쉬웠다. 다시 길 오른편에 취리히 호수가 나타났으나 우리가 가는 곳은 루체른, 취리히 호와 작별을 고하고 핸들을 왼쪽으로 꺾어 차를 몰았다.

스위스 용병의 충정

하얀 산봉우리, 넓고 푸른 초원, 그리고 산록에 붙어 있는 아름다운 통나무집. 그림엽서나 달력에 으레 등장하는 지구상에서 가장 아름다운 나라 스위스, 그 중 으뜸인 도시 루체른에 왔다.

빙하 공원

화살이 심장이 꽂혔는데도 부르봉 왕가의 상징인 방패를 부여잡고 있는 화살 맞은 사자상

　제일 먼저 찾은 곳은 빙하 공원. 호수도 알프스 연봉도 보이지 않는 시내 안쪽 구석에 있었는데 빙하 공원이라는 이름과는 달리 한싸라기의 눈도 얼음도 구경할 수 없었다. 이런 이름이 붙은 것은 1,2만 년 전 빙하가 녹으면서 휘돌아친 물줄기가 깊은 소(沼)를 만들어 놓았기 때문이다.

　당시 빙하에 섞여 구르던 돌이 공룡 알처럼 여기저기 널려 있고, 급격하게 깎여 파인 웅덩이는 너무 깊어 푸른빛을 띠고 있다. 지구의 탄생에서부터 얼고 녹고를 반복한 역사를 한눈에 볼 수 있는 실내 전시장은 지구과학 교육 체험 공간이었다.

　빙하 공원을 나오니 멀지 않은 곳 암벽에 화살 맞은 사자상이 보였다. 이 조각은 1792년 8월 10일 파리 튈르리 궁에서 프랑스 국왕 루이 16세와 그

왕족을 보호하다가 순직한 스위스 용병 786명의 충정을 기리기 위해 만들었다고 한다.

지금은 하늘이 선사한 아름다운 경관 덕에 엄청난 관광수입을 올리고 있지만, 옛날 먹고 살기 바빠 관광산업이 지금처럼 활성화되지 않았던 시절, 국토 대부분이 산악으로 척박한 땅에 살던 스위스 국민들은 돈을 벌기 위해 전쟁터로 나갔다. 돈을 받고 고용된 스위스 용병들은 절대로 배신하지 않고 주인을 위해 충성을 다한 것으로 유명하다.

로마 바티칸에 가면 미켈란젤로가 디자인했다는 푸른색과 주황색 줄무늬가 있는 피에로 옷 비슷한 제복을 입고 서 있는 위병들을 볼 수 있는데, 이들도 스위스 사람이라고 한다. 1527년 로마 황제가 바티칸의 클레멘트 7세 교황을 공격했을 때 다른 나라 경비병들은 모두 도망갔으나 스위스 호위병 42명은 끝까지 남아 교황을 피신시켰기 때문에 이후로는 스위스 용병들만 고용해 경비를 서게 하고 있는 것이다.

루체른의 화살 맞은 사자상은 1821년 덴마크 조각가 토르발센이 제작하였는데 심장에 화살이 박힌 사자가 처절하게 죽어가면서도 이를 악다물고 프랑스 부르봉 왕가의 상징인 흰 백합 방패를 사수하는 모습이 리얼하게 조각되어 있었다.

그림 같은
초원 위의 집

저 푸른 초원 위의 그림 같은 집에는 누가 살고 있을까

　알프스 산록의 눈이 녹아내려 이룬 로이스 강, 그 강줄기를 타고 흘러들
어온 새파란 물이 모여 둥지를 튼 아름다운 루체른 호 유람선을 타러 선착장
으로 갔다.
　루체른 중앙역 앞 선착장에서 3인 가족 유람선 승차권을 43유로에 구입
하여 배에 오르니, 루체른의 상징인 쌍둥이 첨탑의 호프 교회와 언덕 위의

뮤제크 성벽 등 아름다운 시가지가 한눈에 들어왔다. 역시 경치는 물 위에서 보는 것이 지상에서 보는 것보다 훨씬 멋지다.

멀리 만년설에 덮여 있는 알프스 연봉도 멋지거니와 호숫가의 파란 초원과 예쁜 마을은 이곳이 스위스임을 그대로 보여 주었다. 저토록 예쁜 집에는 누가 살고 있을까? 저기 사는 사람들의 직업은 무엇일까? 경치를 보며 공상을 하는 동안 배가 한 마을의 선착장에 닿았다.

접안하는 유람선 아래를 보니 헤엄치는 물고기의 비늘까지 훤히 보일 정도로 물이 맑다. 한 무리의 사람들이 내리고 한 무리의 사람들이 탔다. 마을 사람들이거나 저 그림 같은 집에서 루체른 호수를 바라보며 하룻밤을 지낼 관광객일 것이다.

관광객 26명이 오면 일자리 하나가 창출된다고 하니, 이 외진 호반에 사는 사람들의 직업을 궁금해할 필요는 없을 것 같다. 해마다 셀 수 없는 관광객이 모여드는데 일자리가 얼마나 많이 생길 것이며 소득은 또 얼마나 될까. 아름다운 자연 속에서 세상사에 휘둘리지 않고 평화롭게 사는 마을 사람들이 그저 부럽기만 했다.

두 시간의 선상유람을 마치고 루체른 관광안내서에 단골로 등장하는 유명한 두 다리를 보러 로이스 강으로 향했다.

첫 번째 것은 카펠교로 1333년에 건설된 유럽에서 가장 오래됐다는 목조 다리다. 목제 교각 위에 목제 상판을 얹고 황토색 기와지붕을 씌웠는데 다리가 일자로 뻗어 있지 않고 ㄱ자로 약간 굽어 있는데다 중간에 보물창고와 망루로 사용한 팔각형 탑이 있어 한층 운치가 있는 다리였다.

카펠교에서 400m 정도 상류에 있는 슈프로이어교는 카펠교보다 75년 늦게 건설되었는데 역시 ㄱ자 형태로 굽어 있고 외양도 비슷했다. 다만 길이가 약간 짧고 중간에 자그마한 예배당이 있었다. 이 두 다리의 천장 들보 아래 기둥 하나하나마다 패널화가 빼곡히 붙어 있는데 카펠교의 것이 루체른

유람선에서 본 루체른 호반의 아름다운 풍경

의 역사를 묘사한데 반해 슈프로이어교의 것은 17세기 유럽을 공포로 몰아넣었던 전염병을 그린 죽음의 춤이란 작품이었다.

루체른 호에서 또는 루체른 중앙역 쪽에서 카펠교를 보면 정말 멋지다. 카펠교 위를 거닐면서, 또는 슈프로이어교를 건너면서 루체른 호수나 뮤제크 성벽 쪽을 바라보아도 역시 잘 그린 한 폭의 풍경화 같다. 이렇게 경치가 좋으니 누군들 이 도시에 오고 싶어하지 않을까.

그런데 우리가 저녁에 묵은 호텔 숙박료가 208스위스프랑(210,000원)으로 프랑스 스트라스부르(65,000원)의 세 배가 넘었다. 우리가 머문 곳은 저가 호텔 체인점인 아이비스였는데도 그러했으니 일반 호텔이야 오죽 비싸랴. 그럼에도 성수기엔 객실이 없다고 하니 관광산업이 굴뚝 없는 공장이란 말이 실감난다.

평생 볼 눈을
두 시간에 보다

관광하는 데 하루가 꼬박 걸리고 등산열차 요금이 워낙 비싸 융프라우는 갈까 말까 망설였다. 그렇지만 스위스 제일의 관광지여서 결국 융프라우요흐행 열차에 몸을 실었는데 탁월한 선택이었다.

성인 180스위스프랑(234,000원)인 등산열차 요금은 한국의 동신항운에 인터넷으로 회원가입을 한 후 출력해 온 할인권을 제출했더니 무려 50스위스프랑(65,000원)을 할인해 주었다. 게다가 어린이와 청소년은 요금을 받지 않아 중학생인 딸은 무임으로 승차했다.

등산열차가 달려 첫 번째 도착한 곳은 스위스에서 가장 아름다운 마을이라는 그린델발트다. 알프스의 소녀 하이디가 살던 동네가 여기였던 모양이다. 가수 남진이 임과 함께 살고 싶다던 그림 같은 초원 위의 집이 바로 이것이었던 모양이다. 캘린더를 장식하는 그림과도 같은 아름다운 그린델발트 정경에 넋이 나갈 지경이었다.

천하제일의 동네 그린델발트에서 하룻밤을 자면서 알프스의 신선한 공기를 원없이 마셔 보았으면 좋으련만 바로 다음 목적지로 가는 열차로 갈아탔다.

해발 1,034m의 그린델발트까지는 산록이 푸른 초원이더니 2,061m의 클라이네샤이데크 역에 내리니 천지는 하얀 눈에 덮여 있고 많은 사람들이

스위스 최대의 알래치 빙하

스핑크스 전망대 앞의 설원. 개썰매는 때가 일러 타지 못하였다.

쌓인 눈이 사람 키의 몇 곱절은 되었다.

맑은 날씨 덕에 알프스 연봉의 파노라마를 만끽할 수 있었다.

스키를 즐기고 있다. 오래 전 8월에 이곳에 왔을 때는 알프스의 3대 북벽인 융프라우, 멘히르, 아이거 봉우리만 눈에 덮여 있고 클라이네샤이데크 역 부근은 초록이었는데 알프스 높은 산록은 4월에도 백설이 만건곤하였다.

등산 열차에 몸을 실은 채 눈길을 달리고 바위 속 터널을 지나 융프라우 요흐에 내렸다. 눈이 바다를 이루고 있고 어떤 곳에는 10m도 더 되는 눈이 산을 이루고 있다. 예전에 왔을 때는 구름 사이로 희끗희끗 드러나는 산 아래 풍경을 겨우 몇 초 보았을 뿐인데, 이번에는 햇볕이 쨍쨍 내리쬐고 시야가 확 트여 눈길 닿는 곳까지 펼쳐진 백설을 만끽하였다. 이렇게 좋은 날씨가 일 년에 며칠 안 된다는데 정말 운이 좋아서 스핑크스 전망대 아래쪽 눈밭에서 노닐며 평생 볼 눈을 두 시간 동안에 다 보았다.

아름이의 여행노트

말로만 듣던 스위스, 그림으로만 보던 알프스에 왔다. 유람선을 타고 루체른 호수를 돌면서 본 초원과 집도 예뻤지만, 기차를 타고 융프라우를 오르면서 본 알프스의 경치는 자연이란 이런 것이구나 하는 것을 그대로 보여 주는 것 같았다.

등산 열차의 종착역인 융프라우요흐에 내리니 해발 3,454m라는 표석이 있었다. 백두산보다도 훨씬 높은 곳이다. 그래서 산소가 부족한 때문인지 머리가 지끈 아팠다. 역에 있는 휴게소에서 컵라면을 먹고 밖으로 나가보니 천지가 온통 눈이었다. 한쪽에 넓은 개썰매장이 있는데 때가 일러 탈 수 없다고 해서 개를 배경으로 사진만 찍었다.

썰매를 타지 못했지만 대신 보송보송한 눈밭에서 맘껏 뒹굴면서 놀았다. 눈 위에 내 이름 석 자를 썼더니 아빠가 몇 천 년 후 누군가가 빙하 속에서 내 이름을 발견할지도 모르겠다고 하면서 껄껄 웃으셨다.

동화 속의 성 같은
도시 베른

알프스의 눈이 녹아 흐르는 맑은 아레 강과 베른 대성당

스위스 연방 수도인 베른, 구시가지는 유네스코 지정 세계문화유산이다. 모양이 비슷한 시계탑과 감옥탑은 옛 성문이었다는데 요새라기보다는 동화 속의 성 같았다.

베른을 상징하는 동물이 곰이고 관광 안내서에도 곰공원이 소개되어 있어서 가 보았더니 외국인을 위한 관광지라기보다 시민들의 휴식처였다. 곰 몇 마리가 나무 사이에 숨어 있어 눈에 띄지도 않고 홍학과 사슴 같은 다른 동물들이 많았다.

오히려 알프스 골짜기의 눈이 녹아 흐르는 아레 강이 운치 있었다. 강물빛이 아름다운 청록색인데다 강 양안의 절벽과 그 위에 우뚝 솟아 있는 옛 건물들의 자태가 웅장했다. 이해 못할 것은 강바닥이 조금 돌출되어 물이 흐르지 않는 곳에 뿌리를 박고 올라서 있는 4층짜리 건물이었다. 저렇게 강바닥에 건물을 세워도 홍수에 쓸려 내려가지 않는지 정말 궁금했다.

베른에서도 대성당과 웅장한 스위스 연방청사 건물을 돌아보았지만 슈퍼에 가서 먹을거리도 장만했다. 생각보다 저렴한 돼지고기와 상추를 사가지고 스트라스부르로 가는 도중에 고속도로 휴게소에서 구워 먹었는데, 야외에서 먹는 맛은 한국에서나 유럽에서나 똑같았다.

'마지막 수업'의 무대
스트라스부르

　독일인이 알퐁스 도데의 '마지막 수업'을 읽으면 어떤 기분이 들까? 독일 점령 하에서 모국어인 프랑스어를 더 이상 사용할 수 없게 되고, 선생님이 마지막 프랑스어 수업을 하며 모국어의 소중함을 일깨워 주는 이야기. 프랑스와 독일의 국경 분쟁 지역으로 양국 간 전쟁의 빌미가 되기도 한 알자스

프랑스의 전통 마을인 프티 프랑스

구텐베르크 동상

로렌 지방, 그 알자스로렌의 수도로 '마지막 수업'의 무대가 바로 스트라스부르다. 지금은 프랑스 영토이고 EU 의회 본부가 있는 곳이기도 하다.

독일 마인츠 태생의 구텐베르크가 망명하여 금속활자를 연구하고 인쇄소를 설치하고 '구텐베르크 성서'를 인쇄한 곳도 여기이고, 노벨평화상을 받은 슈바이처 박사도 이 지방에서 태어나 이곳에 있는 교회와 대학을 다녔다.

스트라스부르의 첫 번째 명소는 11세기에서 15세기까지 오랜 세월에 걸쳐 건축된 노트르담 성당이다. 파리에도 룩셈부르크에도 똑같은 이름의 성당이 있는데 이 이름은 '성모 마리아'를 뜻한다. 스트라스부르의 노트르담 성당은 첨탑(142m)이 하나인 것이 특색이고, 성당 왼편의 전차를 모는 그리스 일곱 신의 모습과 오른편의 14세기에 제작한 천문시계가 볼거리였다.

구텐베르크 광장에는 놀이기구를 어지럽게 설치해 놓아 종이를 들고 서 있는 구텐베르크의 동상이 초라해 보였다. 정말 멋진 곳은 프티 프랑스(작은 프랑스). 시내 중심에서 도보로 15분 거리, 이르 강 주변에 있는 중세의 아름다운 프랑스 마을로, 흑갈색 나무 기둥과 하얀 벽면 그리고 회색 지붕이 어우러진 프랑스의 옛날 집들이 매혹적이었다.

아름이의 여행노트

좀 창피하지만 나는 친구들보다 책을 많이 읽는 편이 아니다. 그런 내가 그래도 재미있게 읽은 책이 있다면 '안네 프랑크 일기'와 알퐁스 도데의 단편소설이다. 알퐁스 도데의 단편소설 중에도 '별'과 '마지막 수업'이 재미있어서 그 책들은 몇 번 읽었다.

이번에 들른 스트라스부르는 바로 '마지막 수업'의 무대가 되었던 도시다. 그러니까 스트라스부르에 살고 있는 주민은 그대로인데 전쟁에서 이긴 쪽의 영토가 되는 바람에 독일 땅이 되었다가 프랑스 땅이 되었다가 몇 차례나 반복된 곳이다.

아프리카에서 봉사활동을 한 슈바이처 박사가 태어나서 공부한 곳이고 구텐베르크가 금속활자를 만든 도시가 이곳이라는 것도 처음 알았다. 이곳에 살고 있는 주민들에게 슈바이처와 구텐베르크가 어느 나라 사람이냐고 물었더니 망설임 없이 프랑스인이라고 대답했다. 그런데 나중에 집에 와서 백과사전을 검색해 보니 두 분 모두 독일 사람이라고 설명되어 있었다.

국민소득도 최고
경치도 최고

유럽에서 가장 잘사는 나라는 어느 나라일까? 스위스? 스웨덴? 정답은 룩셈부르크다.

이 나라의 1인당 국민소득은 유럽 국가 중 유일하게 10만 달러가 넘는다. 스위스는 3위로 67,000달러. 물론 면적이 2,586㎢에 인구가 45만 명밖에 안 되니 국력이 강하다고 할 수는 없지만….

룩셈부르크는 왕국도 아닌 공국이다. 수도 이름도 룩셈부르크인데, 이곳에 거주하는 사람은 10만 명쯤 된다.

룩셈부르크 기가 휘날리는 헌법 광장

룩셈부르크는 경치가 참으로 빼어나다. 구시가지와 신시가지 사이로 흐르는 작은 하천 양쪽으로 절벽을 이용하여 만든 요새와 포대가 곳곳에 있고,

구시가와 신시가를 연결하는 아돌프 다리

제2차 세계대전의 격전지였던 복 포대

요새를 보호하기라도 하듯 울울 창창한 나무숲이 짙은 그림자를 드리우고 있다. 구시가지와 복 (Bock) 포대는 유네스코 지정 세계문화유산이기도 하다.

협곡 사이에 날아갈 듯 걸쳐 있는 아돌프 다리는 그야말로 장관이다. 아돌프 다리에서 보는 구시가지 또한 환상적이었다. 시내의 담 광장, 노트르담 사원, 왕궁 등도 소국답게 아기자기하면서도 우아했다.

복 포대에 오르니 깎아지른 듯한 절벽과 자연을 이용하여 구축한 포문이 전쟁영화의 한 장면처럼 펼쳐져 있다. 깊은 협곡 가운데로 작은 실개천이 흐르고, 그 양편 둔치에 아름다운 집들이 촘촘히 들어차 있는 광경이 마치 동화 속 마을 같으니, 작은 나라라고 그냥 지나쳤으면 두고두고 후회할 뻔하였다.

390년 동안
오줌 누고 있는 꼬마

    서유럽 자동차 여행을 시작한 지 열흘을 넘겨 이번 여행의 마지막 국가인 벨기에 브뤼셀에 들어서니, EU와 NATO(북대서양조약기구) 등 여러 국제기구 본부가 있어서인지 건물과 자동차와 사람이 마구 얽혀 있어 시끌벅적하다.

빅토르 위고가 세계에서 가장 아름다운 광장이라고 극찬했다는 그랑플라

빼곡히 들어선 현대식 고층빌딩에 실망하였지만, 빅토르 위고가 세계에서 가장 아름다운 광장이라고 극찬했다는 그랑플라와 유명한 오줌싸개 동상을 아니 보고 갈 수 있겠는가. 보는 사람마다 실망했다는 오줌 누는 아이는 비록 실망할지언정 안 보고 아쉬워하는 것보다는 나을 것이다.

광장을 영어로 '스퀘어'라고 한다. 스퀘어는 '사각형'이라는 뜻으로 대개 광장이 사각형이기 때문에 그렇게 부른다. 가끔 원형 광장도 있는데 이는 스퀘어라고 하지 않고 '서커스'라고 한다. 런던의 피커딜리 서커스가 대표적인 경우다.

유럽 도시의 광장은 문자 그대로 정사각형 또는 직사각형이고 광장 주위를 중세 또는 근세의 건물이 에워싸고 있는 형태다. 그 시절에 지은 건물은 하나하나가 곧 예술작품이다. 그러니 유럽의 광장은 어느 곳이나 아름다울 수밖에 없다. 어느 도시에 가든 그곳에서 가장 큰 광장에 가면 모든 볼거리가 집중되어 있다.

브뤼셀의 그랑플라에도 15세기에 지은 시청사가 있다. 첨탑이 우뚝 솟은 고딕 양식으로 꼭대기에는 브뤼셀의 수호성인인 금빛 찬란한 성 미카엘 조각이 있고 벽면 조각에도 금도금을 해 놓아 저녁햇살을 담뿍 받은 건물이 눈부시게 번쩍거렸다.

16세기에 건축한 왕의 집도 있다. 한때 지방정부의 청사였다는데 역시 고딕 양식으로 웅장했다. 15,6세기 상업의 중심지로 빵, 맥주, 정육점, 염색 등의 다양한 업종 종사자들이 조합을 결성하여 사무실로 사용했다는 길드 하우스도 그 화려함이 두 건물에 비해 결코 뒤지지 않는다. 500년 이상 된 단아하고 아름다운 4,5층 건물이 에워싸고 있는 광장의 돌바닥을 걷노라면 중세의 나그네가 된 듯하다.

오줌싸개를 보러 시청사 옆 골목길로 들어서니 벽면에 누워 있는 청동상이 있고 사람들이 줄을 서서 청동상을 만지고 있다. 만지면 소원이 이루어지는 동상이리라. 나도 청동 와상을 만지며 대한민국 사람 모두가 빌었을 똑같은 소원을 빌었다. '돈 많이 벌어 부자 되게 해 주시고 우리 가족 건강하게 해 주소서!'

나중에 알아보니 이 청동상은 공작에 항거하며 브뤼셀 해방운동을 하던 평민 대표 '세르글라이스'의 추모상이며 머리끝부터 발끝까지 만지면서 소원을 빌면 이루어진다는 속설이 있다고 한다.

길모퉁이를 돌아가서 390년 동안 오줌을 싸고 있는 꼬마 줄리앙을 다시 만났다. 이 동상을 처음 보았을 때

브뤼셀의 상징인 오줌싸개 꼬마 줄리앙

60㎝밖에 안 되는 작은 크기에 적잖이 실망하였다. 그래도 아름이는 미리 자그마하고 볼품없으니까 실망하지 말라고 말해 줘서인지 크게 실망하는 눈빛은 아니었고 오줌싸개를 배경으로 사진을 찍으며 즐거워했다.

이 오줌싸개 동상은 브뤼셀을 침략했던 외국 군대에 의해 여러 번 약탈되었다는데 1m도 안 되는 작은 꼬마 동상을 약탈해 간 이유는 무엇이었을까. 그것은 아마도 시민들의 구심점을 없애 희망을 꺾고 사기를 저하시키려는 의도였을 것이다. 어쨌거나 루이 15세는 동상을 돌려보낼 때 사과하는 뜻으로 화려한 후작 의상을 입혀 보냈고, 브뤼셀을 방문하는 외국 고관대작들도 옷을 만들어 와서 입혔기 때문에 이 꼬마는 세계에서 가장 많은 의상을 갖고 있다고 한다.

천장 없는 미술관
브뤼헤

운하가 발달된 브뤼헤는 배를 타야 제대로 볼 수 있다.

벨기에에서 둘째 날은 베니스나 암스테르담처럼 운하가 발달돼 있고 중세 모습을 고스란히 간직하고 있어 흔히 '천장 없는 미술관'으로 불리는 브뤼헤(브르쥬)에 갔다. 역시 시내에 마르크트 광장이 있고 이곳 교회에 벨포르라는 멋진 종루가 있었는데 광장 형태나 광장 주위 건물들이 브뤼셀 그랑플라와 아주 비슷했다.

성모 교회에 있는 미켈란젤로의 작품 '성 모자상'

시청사와 예배당을 둘러보았는데 건축 시기나 외양이 브뤼셀의 것과 비슷했다. 성모 교회에는 미켈란젤로가 1504년에 제작한 대리석 조각작품인 '성 모자상'이 있었다. 안내판에 미켈란젤로 생전에 국외로 반출된 유일무이한 작품이라는 설명이 있었는데, 천재 예술가의 작품을 감상하려는 사람들로 교회는 장사진을 이루었다.

그래도 이곳에서 선물 하나는 사야지 싶어 기념품 가게를 기웃거렸다. 이것저것 만지작거리다 겨우 산 것은 초콜릿, 그것도 아름이가 친구들에게 줄 선물로 몇 개 샀다. 우리 가족이 여행지에 남기고 온 것은 발자국이요, 집으로 가져온 것은 사진과 추억이니, 이것 외에는 남겨 놓을 것도 가지고 올 것도 없었다.

파리 입성

    역사와 정치와 문화와 패션과 요리, 어느 것 하나 파리를 빼놓고 이야기
할 수 있는 것이 있을까. 파리는 기원전 4200년경에 도시가 형성되기 시작
해, 기원전 52년 로마군이 들어온 이후 450여 년간 로마의 지배를 받았다.
이후 프랑크 왕국을 거쳐 중세 봉건시대, 절대왕정, 프랑스대혁명과 나폴레
옹의 대외 정복, 양차 세계대전을 겪는 동안 언제나 역사의 중심에 있었다.
'짐이 곧 국가'라며 절대권력을 휘두르던 부르봉 왕조를 무너뜨리고 혁명정
신을 세계에 전파한 이들 또한 파리 시민이다.

    센 강과 에펠탑으로 대표되는 아름다운 도시, 속옷부터 외투까지 최첨단
의 유행이 시작되는 패션의 도시, 세계에서 가장 많은 외국인이 방문하는
관광의 도시, 누구나 한 번쯤 가 보고 싶어하는 낭만의 도시 파리는 이번이
두 번째다. 처음 왔을 때 노트르담 사원과 판테온의 중간쯤에 있는 BVJ라는
호스텔의 도미토리에서 5박6일 머무르며 유명하다는 곳에 가 보았지만 오
래 전 일이기도 하고 초행인 아내와 아름이를 위해 가족여행을 준비했다.

    그런데 숙소를 잘못 고르는 바람에 고생 좀 했다. 유럽 여행은 으레 저가
호텔인 이탑을 이용하는데, 파리에는 10개가 넘는 이탑이 있다. 이것저것
꼼꼼히 따져보지 않고 먼저 다녀온 분이 괜찮았다고 해서 덜컥 예약해 버렸
더니 그게 아니었다. 우선 위치가 파리 남쪽이었다. 샤를드골 공항은 북쪽
에 있어서 공항에서 숙소까지 가려면 시내를 관통해야 했고 지하철을 갈아
타야 했으니 시간은 시간대로 걸리고 갈아탈 때 무거운 가방을 들고 계단을

오르내리느라 고생은 고생대로 했다. 북역 근처에도 여러 개의 이탑이 있는데 거기까지 생각이 미치지 못하였다.

지하철역에서 숙소까지도 꽤 먼 거리였다. 달달달달 소리 나는 여행가방을 끌고 한참을 가서 겨우 찾은 이탑은 깨끗하지도 않고 복도에 담배 냄새가 배어 있었다. 이탑은 건물 내 금연을 내세워 홍보하고 있었고 그동안 다녀본 이탑에서 담배 피우는 것을 보지 못하였는데, 이곳은 환기가 잘 안 되는 구조 때문인지 냄새가 심했다.

비행기 타고, 전철 타고, 걷고, 지칠 대로 지쳐 겨우 짐을 풀고 물을 끓여서 준비해 온 컵라면으로 저녁을 때웠다. 이번 여행에도 밥솥과 쌀과 밑반찬을 준비해 왔다. 우리 가족 셋이 그나마 해외 나들이를 할 수 있는 것은 저가 호텔을 이용하고 음식을 해먹기 때문이다. 여행지의 맛난 요리를 먹어 보지 못하는 아쉬움은 있지만 보는 즐거움이 여행의 참맛 아니던가.

다음날 새벽같이 일어나 아침밥을 먹고 베르사유 궁전으로 갔는데, 매표소 앞에 꼬리에 꼬리를 문 줄 끝에 붙어서서 1시간을 날렸다. 알고 보니 내가 구입한 뮤지엄 패스는 시내 루브르 박물관이나 지하철 표사는 곳에서도 살 수 있었는데 정보가 부족하여 시간 낭비를 했다. 꼼꼼하게 준비한다고 해도 와 보면 펑크 나는 것이 한둘이 아니다.

아름이의 여행노트

나는 파리의 지하철이 서울의 지하철보다 훨씬 편리한 줄 알았다. 그런데 파리의 지하철은 한국보다 먼저 건설되어서 그런지 갈아탈 때 걷는 거리가 너무 멀고 리프트나 에스컬레이터 시설이 잘 갖추어지지 않았다. 선진국의 것이 무조건 좋다는 생각은 버려야겠다.

태양왕의 궁전

　호화스럽기로 베르사유 궁전보다 더한 것이 있을까. 그동안 영국, 스페인, 덴마크, 스웨덴, 오스트리아, 헝가리 등 여러 왕궁을 보았지만 규모나 치장이나 베르사유만한 것은 없었다. 이곳은 프랑스 왕들이 사냥을 하던 곳으로 17세기 초 루이 13세가 오며 가며 머무르려고 작은 성을 지었는데,

베르사유 궁전

베르사유 궁전 정문

베르사유 궁전과 정원

태양왕 루이 14세가 즉위한 후 당대 최고의 건축가와 조경기술자에게 명하여 지금처럼 만든 것이다. 방이 무려 2천 개나 되는 거대한 규모, 엄청난 양의 대리석으로 만든 마르브르 궁과 르와얄 궁, 그리고 100ha나 되는 넓디넓은 정원은 호화로움의 극치였다.

청명한 가을, 광장에 우뚝 서 있는 루이 14세 기마상 위로 하늘은 눈부시게 푸르렀다. 금으로 도금한 정문을 지나 베르사유 궁전 건물 중 가장 늦게 완성하였다는 왕실 예배당을 보았다. 왕이 예배를 드렸다는 이곳은 그렇게 화려하지는 않았지만 천장화는 장엄하였다. 다음에 들른 대접견실은 외국 사신도 영접하고 콘서트가 열리기도 했다는 방으로 여신으로부터 축복받는 비너스를 그린 천장화가 일품이었다.

뭐니 뭐니 해도 베르사유 궁전에서 가장 아름다운 방은 거울의 방이다. 길이 70m가 넘는 이 방에 들어서니 눈을 어디에 둘지 모르겠다. 천장에는 루이 14세의 업적을 기리는 빼어난 프레스코화가 가득했고 안쪽 벽에는 578개의 거울이 번쩍거렸다. 창으로 눈을 돌리니 마로니에와 종려나무가 질서정연하게 늘어서 있고 1,650m의 대운하가 아스라이 뻗어 있는 베르사유 정원이 한눈에 들어왔다.

궁전과 정원이 이리도 거대하고 아름답기에 나폴레옹 3세를 굴복시킨 독일 철의 재상 비스마르크는 굳이 이 베르사유 궁전에서 항복 선언을 받아냈던 것일까? 훗날 1차 세계대전에서 패배한 독일 대표를 앉혀놓고 전쟁의 종식을 고하며 엄청난 전쟁 배상금을 지급토록 한 베르사유조약을 체결한 곳 또한 이곳이니 아이러니하다. 결국 독일은 힘겨운 배상금에 반발하여 다시 군사력을 키워 2차 세계대전을 일으켰고, 지금처럼 궁전이 온전히 복구된 것은 종전 이후라고 한다.

거울의 방은 왕비의 침실로 이어져 있다. 금실로 장식한 침대와 호사스런 가구들, 바로 이곳이 마리 앙투아네트의 침실이다. 마리 앙투아네트는

광장에 우뚝 서 있는 루이 14세 기마상

베르사유 정원의 아폴로 분수와 대운하

손님을 기다리고 있는 대운하의 보트들

오스트리아 합스부르크 왕가 마리아 테레지아 여제의 15번째 자녀로 태어나 프랑스 부르봉 왕가 루이 16세의 왕비가 되어 지상 최고의 사치와 향락을 즐기다가 콩코르드 광장에서 기요틴에 목이 잘린 비운의 여인이다.

이 궁전에는 화려한 홀이 하나 더 있다. 전쟁미술관으로 불리는 이 방은 거울의 방 못지않게 기다란 홀 양쪽 벽에 프랑스 전쟁 기념화 35점과 전장에서 목숨을 잃은 장군들의 흉상 80여 개가 있다. 옛날 왕실 친척들이 머물던 방을 개조한 것으로 천장은 햇살이 스며드는 투명유리로 되어 있다.

궁전 건물을 나와 샛문을 지나서 정원으로 갔다. 대개 정원이 예쁘고 볼 만하면 규모가 작고 좀 넓다 싶으면 잔디밭이 고작인데 베르사유 정원은 넓으면서 아름다웠다. 궁전 바로 앞뜰 정원은 기하학적 무늬로 잘 정돈되어 있고, 서쪽 정원은 야자수가 무성하고 가운데 호수가 있어 이국 속에서 또 다른 이국을 느끼게 해 주었다.

궁전 북쪽에 광활하게 자리한, 분수와 숲과 운하가 어우러진 정원은 그야말로 장관이었다. 정원 가운데 있는 라토나 분수와 아폴로 분수는 크기도 거대하지만 분수 자체가 빼어난 조각작품이며 길을 따라 일자로 가지치기를 한 아름드리 마로니에는 암벽이 갈라져 틈새가 생긴 것처럼 장엄하였다. 길이가 무려 1.6km가 넘는 대운하가 아득하게 뻗어 있고 물길 양쪽에 병풍처럼 도열해 있는 울창한 나무는 단풍으로 불타고 있었다.

무성한 마로니에 숲 사잇길을 따라 전에는 보지 못한 베르사유의 별궁인 트리아농으로 향했다. 이미 가을은 깊을 대로 깊어 숲은 온통 갈색이고 소슬바람이 한 줄금 지나가기라도 하면 우수수 낙엽이 흩날렸다. 대트리아농은 루이 14세가 왕비와 말년을 보내기 위해 지었고, 소트리아농은 그보다 늦은 루이 15세 때 건축한 것을 루이 16세가 왕비 마리 앙투아네트에게 선물로 주었는데 외양이나 내부 인테리어가 베르사유 궁전만큼이나 호사스럽다.

가을이 익을 대로 익은 마로니에 숲길

왕비의 오두막. 루이 16세가 왕비 마리 앙투아네트에게 선사했다는 12채의 아름다운 별장

왕비에게 별궁을 선사할 정도로 통큰 왕의 독재를 참다못한 프랑스 시민들이 들고 일어나 왕과 왕비를 처형하였다. 그렇게 시민혁명 바탕 위에 집권한 나폴레옹 황제도 두 번째 부인인 황후 마리 루이즈에게 이 소트리아농을 선사했다니, 세상에 믿을 자 누구인가.

소트리아농에서 조금 더 가니 연못을 끼고 있는 아름다운 정원 주위에 예쁜 오두막 12채가 나왔다. 이 별장도 루이 16세가 왕비 마리 앙투아네트를 위해 만든 것이란다. 왕에게서 별궁과 오두막을 하사받은 마리 앙투아네트도 콩코르드 광장에서 처형된 1,343명 중에 들어 있었다. 왕과 왕비에게는 백성이 있거늘, 사치에 눈이 어두워 교황에게까지 반지를 해 달라 떼를 쓰고, 혁명 중에 목숨을 부지하기 위해 평민으로 위장하고 외국으로 도망치려다 시민군에 붙잡혔으니, 단두대에서 처형될 때 다른 죄수들은 땅을 향해 머리를 박도록 했지만 성난 파리 시민들이 유독 마리 앙투아네트에게만 눈을 하늘로 향하게 하여 시퍼런 칼날이 떨어지는 것을 보면서 극도의 공포를 느끼도록 했다지 않은가.

아름이의 여행노트

조선왕조 궁궐인 경복궁에 비하면 베르사유 궁전과 정원은 커도 너무 컸다. 궁전이 호화롭고 정원이 아름다워서 구경은 잘했지만, 당시 가난하게 살며 세금에 시달렸을 시민들이 불쌍한 생각도 들었다. 그래서 프랑스 혁명이 일어났는가 보다. 역사적으로 중요한 회담이 열린 의미 있는 장소라고 하는데, 나중에 세계사 공부를 할 때 이번 여행이 도움이 될 것 같다.

한 가지 아쉬운 것은 근위병이 없는 것이었다. 영국의 버킹엄 궁전처럼 멋진 근위병이 궁궐을 지키고 교대식도 하면 더욱 볼만했을 것이다.

모나리자를 찾아서

미술에 대한 안목이 신통치 않은 나도 파리에서 놓치지 말아야 할 미술관이 몇 곳 있다. 아무리 미술에 문외한이라도 레오나르도 다빈치의 모나리자와 밀로의 비너스 정도는 알지 않던가. 짧은 여정이었지만 루브르 박물관, 오르세 미술관, 로댕 미술관 세 곳을 돌아보기로 했다.

루브르 박물관 드농관의 '모나리자'. 항상 관람객들로 만원이다.

루브르 박물관은 건물 자체의 예술적 가치도 뛰어나다. 13세기에 필립 오귀스트가 처음 공사를 한 후 16세기 중엽 프랑수와 1세가 르네상스 양식으로 대대적인 증축을 하였고, 앙리 4세와 루이 12세, 루이 14세, 나폴레옹 3세 등이 당대 양식으로 개축을 거듭하여 1891년에 현재 모습이 되었다고 한다. 정말 아름다운 궁전인데 나는 가운데 유리로 만들어 놓은 피라미드가 영 맘에 안 든다. 지하 전시공간의 채광을 고려한 듯한데 르네상스 양식의 아름다운 루브르 궁과는 어울리지 않는다는 느낌이 든다.

센 강을 끼고 있는 궁전의 모습도 웅장하지만 20만 점이 넘는 전시품에는 눈이 휘둥그레질 수밖에 없다. 서아시아, 이집트, 그리스 등의 고대 유물에서부터 다빈치, 미켈란젤로 등 르네상스 시대의 거장 그리고 현대 미술가들의 걸작을 모두 모아 놓았다. 하루에 제대로 감상할 수 있는 작품 수는 얼마나 될까. 여기 소장되어 있는 전시품을 제대로 보려면 한 해를 온전히 투자해야 할 것 같다.

'모나리자'를 보기 위해 드농관부터 갔다. 다른 그림들에 비해 크기가 작은 모나리자 앞에는 예나 지금이나 관람객이 늘어서 있다. 전에는 유리로 이중 보호벽을 만들어 놓고 그림 양편에 촬영금지 표시를 해 놓았더니 이제는 그런 표시는 보이지 않아 많은 사람들이 자유롭게 사진을 찍고 있었다. '라 조콘다'라고 부르는 이 그림은 피렌체 시민 '프란체스코 델 조콘다' 부인의 초상인데, 완성하는 데 3년이 걸렸고 희극배우를 고용하여 그의 행동에 따라 변하는 부인의 정신을 그렸다고 한다.

드농관에는 미술책에서 본 라파엘로의 그림도 많이 있는데 초원을 배경으로 성모 마리아를 주로 그린 작품을 즐겁게 감상하였다. 들라크루아의 대형 작품인 '민중을 이끄는 자유의 여신'은 그림만 보아서는 백년전쟁에서 프랑스를 구한 여걸 잔 다르크 같은데, 오디오 해설을 들어보니 백년전쟁보다 400년 뒤의 인물로 1830년 프랑스의 왕정복고에 반대하여 일어난 7월혁명

쉴리관에 있는 '밀로스 섬의 아프로디테'

때 여전사의 모습이란다.

1층 쉴리관에 있는 밀로의 비너스도 빼놓을 수 없다. 190년 전 에게 해에 있는 밀로스 섬의 한 농부가 밭을 갈다 발견했다는 이 명품은 '밀로스 섬의 아프로디테'가 올바른 이름이다. 사랑과 미를 관장하는 여신 비너스의 그리스 이름이 아프로디테인데 기원전 2세기에 이 작품이 만들어진 곳도 그리스요 발견한 곳도 그리스이기 때문에 신화학자들의 주장대로 바른 이름을 붙여 줘야 할 것 같다.

아름다운 얼굴과 완벽한 몸매를 보니 과연 우리나라에서 속옷 브랜드이자 장식용 마네킹으로 사용하는 까닭을 짐작할 수 있겠다. 한글 오디오 해설기 덕분에 설명을 들으며 감상하니 느낌이 색달랐지만, 너무 많아서 유명한 작품밖에 보지 못했다.

밀레와 로댕의
숨결을 느끼다

오르세 미술관. 밀레의 '만종'과 '이삭 줍는 여인',
고갱의 '타히티의 여인들'과 같은 명작이 전시되어 있다.

지난번 파리에 왔을 때 나는 왜 오르세 미술관을 그냥 지나쳐 버렸을까? 농촌 전원 풍경을 그린 밀레의 그림도 보고 싶고 루브르보다 오르세 미술관이 낫다는 사람들이 많아 이번에는 꼭 가 보리라 마음먹고 왔다.

로댕 미술관 전경

　미술관은 루브르보다 훨씬 작지만 전시품은 그게 아니었다. 잔잔한 노을을 배경으로 들일을 하던 부부가 두 손 모아 기도하는 '만종'과 한가한 들녘에서 허리 굽혀 이삭을 줍는 세 여인을 그린 '이삭 줍는 여인'을 본 것으로도 본전은 뽑은 것 같다.

　같은 방에 있는 밀레의 두 작품은 크기가 아주 작았다. 미술 교과서나 작품집에서 볼 때는 작품 크기에 무감각했는데 루브르와 오르세 양대 미술관에 있는 작품들 중에는 거의 벽면 전체를 차지할 만큼 대형작품이 있는가 하면 B4 용지 크기의 작은 작품도 많았다.

지옥의 문(로댕 미술관)   지옥의 문(오르세 미술관)

밀레의 작품 외에도 화려하게 채색한 고갱의 '타이티의 여인들', 김이 모락모락 피어오르는 한겨울 기차역을 그린 모네의 '생 라자르 역' 등 유명한 작품이 방마다 가득했고 로비에도 카르포의 '우골리노', 로댕의 '지옥의 문' 등 내로라하는 작가들의 작품이 즐비했다. 이 그림이나 조각들이 애초에는 궁전 또는 저택의 거실을 장식하였을 테니 원래 있던 자리에서는 더 빛이 났으리라.

위대한 조각가 로댕 미술관에 갔더니 오르세 미술관에서 본 것과 같은 '지옥의 문'이 이곳 앞뜰에도 있었다. 대체 어느 것이 진품일까 궁금했는데 둘 다 로댕 사후에 제작된 것이란다. 거기에는 사연이 있었는데, 당초 프랑

칼레의 시민

스 정부에서 '장식 미술관'을 건립하기로 하고 출입문 제작을 로댕에게 의뢰하여 작업을 시작한 것이 바로 이 작품인데 건립 계획 취소로 청동 작품은 끝내 완성하지 못하였다는 것이다. 로댕은 1900년 심혈을 기울여 제작한 '지옥의 문' 석고 모형을 전시회에서 공개하였다.

결국 그가 죽고 난 후에 이 작품은 청동으로 제작되었고 프랑스는 물론 미국, 일본, 스위스와 우리나라(로댕갤러리)에서 전시되고 있다. 지옥의 문이 여러 나라에서 전시되고 있는 까닭은 그만큼 예술성이 뛰어나기 때문이다.

'지옥의 문'은 단테의 신곡 중 지옥편을 주제로 단테와 베르길리우스가 지옥을 방문하여 고통에 몸부림치는 사람들을 목격한다는 내용이다. 이 작품은 무려 186개의 작은 조각상으로 만들어졌다는데 부끄럽게도 나는 로댕의 작품 중 '생각하는 사람'만 알고 있었다. 로댕의 걸작인 '생각하는 사람'과 '입맞춤'은 바로 이 작품을 만들 때 구상한 것을 바탕으로 제작된 것이라고 한다. 그러고 보니 '지옥의 문' 가운데 윗부분에 생각하는 사람이 있지 않은가.

로댕 미술관에는 또 다른 걸작 '칼레의 시민' 등 조각작품이 야외와 옥내에 전시되어 있고, 그가 그린 그림과 자신이 수집한 고흐, 모네, 르누아르의 작품도 함께 걸려 있다.

파리의 미술관 세 곳을 돌며 화첩에서나 보던 유명한 작품들을 감상하였으니 이제 나도 미술의 문외한은 면한 것 같다.

파리는 예술의 도시로 알려져 있는데, 여기에는 많은 뜻이 들어 있다. 예술활동을 하는 사람이 많다는 이야기도 될 것이고 거리가 예술적이라는 뜻도 있으며 예술작품을 많이 소장하고 있다는 의미도 있을 것이다.

파리의 유명한 미술관 루브르, 오르세, 로댕 미술관을 엄마 아빠와 함께 관람하였다. 피카소 미술관이나 현대 미술관 등 다른 미술관이 더 있었지만 미술작품만 보러 온 것이 아니어서 중요한 미술관만 가기로 한 것이다.

미술 교과서나 신문, 잡지에서 보던 그림을 직접 보니 정말 느낌이 달랐다. '모나리자'와 '밀로의 비너스'도 보았고 내가 수집한 우표에 많이 나오는 라파엘로의 그림도 여러 개 감상하였다.

그런데 그림이 많아도 너무 많았다. 루브르 박물관은 특히 더했다. 지하철 안에서 우연히 한국인 언니를 만났는데, 이 언니는 외국에 오면 미술관에 가지 않는다고 했다. 미술관이 너무 커서 작품을 다 볼 수 없다는 것이다. 대신 서울시립미술관이나 덕수궁 등에서 모네나 피카소 같은 유명 화가의 특별전이 열릴 때 꼭 가서 보는데, 작품 수는 많지 않지만 알짜배기를 전시하며 자세한 설명이 있어 제대로 감상할 수 있다고 했다. 그 말도 일리가 있지만 그래도 파리에 왔으니 '모나리자'나 '만종'처럼 유명한 작품은 보고 가야 하지 않을까?

에펠탑

에펠탑을 보고
센 강을 건너고

　파리의 상징 에펠탑은 엘리베이터를 타면 3층 꼭대기까지 오를 수 있고 1,652개의 계단을 걸어서 2층까지 올라갈 수도 있는데, 점심때 갔더니 역시 사람들이 장사진을 이루고 있었다. 전에는 땀을 뻘뻘 흘리면서 2층까지 걸어 올라가 드넓은 파리분지 위에 아름답게 늘어선 건물들과 삐쭉 솟아오른 몽파르나스 타워 그리고 하얀 사크레 쾨르 사원이 돋보이는 몽마르트르 언덕을 본 기억이 난다. 그런데 아내와 아름이가 굳이 오르지 않겠다고 해 이번에는 주변을 거닐며 탑을 구경하였다.

　1889년 프랑스혁명 100주년 기념 만국박람회 당시 이 탑을 건설할 때만해도 도시 미관을 해친다고 많은 시민들이 반대하였다. 그러나 이제는 파리하면 첫 번째로 떠오르는 상징물이요, 연간 수백만 명이 찾는 제일의 명소가되었다. 에펠탑 동쪽으로는 드넓은 잔디광장이, 서쪽으로는 센 강의 이에나 다리를 건너 사이요궁으로 이어지는데, 에펠탑은 센 강 너머 사이요궁에서 바라보는 풍경이 으뜸이다.

　사이요궁은 학의 날개 모양으로 펼쳐져 있는 좌우 대칭형의 아름다운 건물로 1937년 만국박람회를 기념하여 지었다니 아마 파리의 건물 중에서 가장 최근에 지은 건물일 것이다. 왕이 거주한 기록은 없는데 왜 궁전이란 이름을 붙였는지 모르지만 역사적으로 아주 중요한 장소다. 1940년 파리를

에펠탑. 멀리 뒤편에 사이요궁이 보인다.

정복한 히틀러가 이 사이요궁 발코니에서 에펠탑을 배경으로 사진을 찍었는데 이것이 2차 세계대전의 상징물이 되었다. 그리고 1948년 12월 10일 UN 총회가 개최된 장소로 역사적인 세계인권선언을 한 곳이며, NATO 최초의 본부가 있던 장소이기도 하다. 지금은 해양박물관과 수족관, 인류박물관이 들어서 있다.

아름이의 여행노트

　우리 집 창 너머 분당서울대병원 뒤쪽으로 불곡산이 보이는데 그 산에는 송전탑이 유난히 많다. 아마 어렸을 적 그림책에서 에펠탑을 보았고 그 기억의 잔상이 남아 있었나 보다. 나는 그 많은 송전탑을 에펠탑이라고 생각하며 자랐다. 그래서 사람들이 에펠탑을 보러 파리에 간다는 얘기를 하면 이상했다. 한참 자란 후에 산에 솟아 있는 것이 에펠탑이 아니라는 것을 알고는 무척 서운했다.

　드디어 진짜 에펠탑을 보았다. 불곡산에 있는 송전탑과는 비교할 수 없을 만큼 높고 하나만 있었다. 엘리베이터 타는 곳에 줄이 너무 길어서 탑에 올라가는 것은 포기했다. 탑 앞쪽으로 넓은 잔디밭이 있는데 그곳에서 에펠탑을 바라보니 정말로 까마득했다. 81층 높이 324m라니 높기는 높다. 친구들에게 자랑하기 위해 에펠탑을 배경으로 여러 장 사진을 찍었다.

무희는 어디 가고
꼽추만 남았는가

노트르담 사원은 12세기 중엽에 시작하여 200년이나 걸려 완성한 파리를 대표하는 건축물이다. 다른 성당과 달리 전면에는 69m의 종루만 있고 첨탑은 성당 정중앙부에 솟아 있다. 그래서 앞쪽에 백수십 미터의 첨탑이 솟아 있는 쾰른 대성당이나 비엔나의 성 슈테판 성당에 비해 외장의 화려함은 덜했다.

성당 안으로 들어가면 앞에서 보던 모습과는 달리 매우 넓은데 1,500명이 동시에 미사를 드릴 수 있다. 성당 왼쪽(북쪽)과 오른쪽(남쪽) 그리고 입구 쪽(서쪽)에는 각각 10m가 넘는 거대한 원형 창이 있는데, 이 장미의 창을 수놓은 스테인드글라스 작품이 정교하면서도 화려하다.

북쪽 장미의 창에는 구약성서에 나오는 위대한 인물들에 둘러싸인 성모 마리아의 모습을, 남쪽 장미의 창에는 12제자와 함께 있는 예수의 모습을 화려하게 그려 놓았다.

성당을 받치고 있는 거대한 석조기둥 옆 복도에는 '최후의 심판' 조각이, 제단 뒤에는 죽은 예수를 끌어안고 슬퍼하는 성모 마리아를 조각한 피에타 상이 있어 관광객의 발길을 사로잡는다.

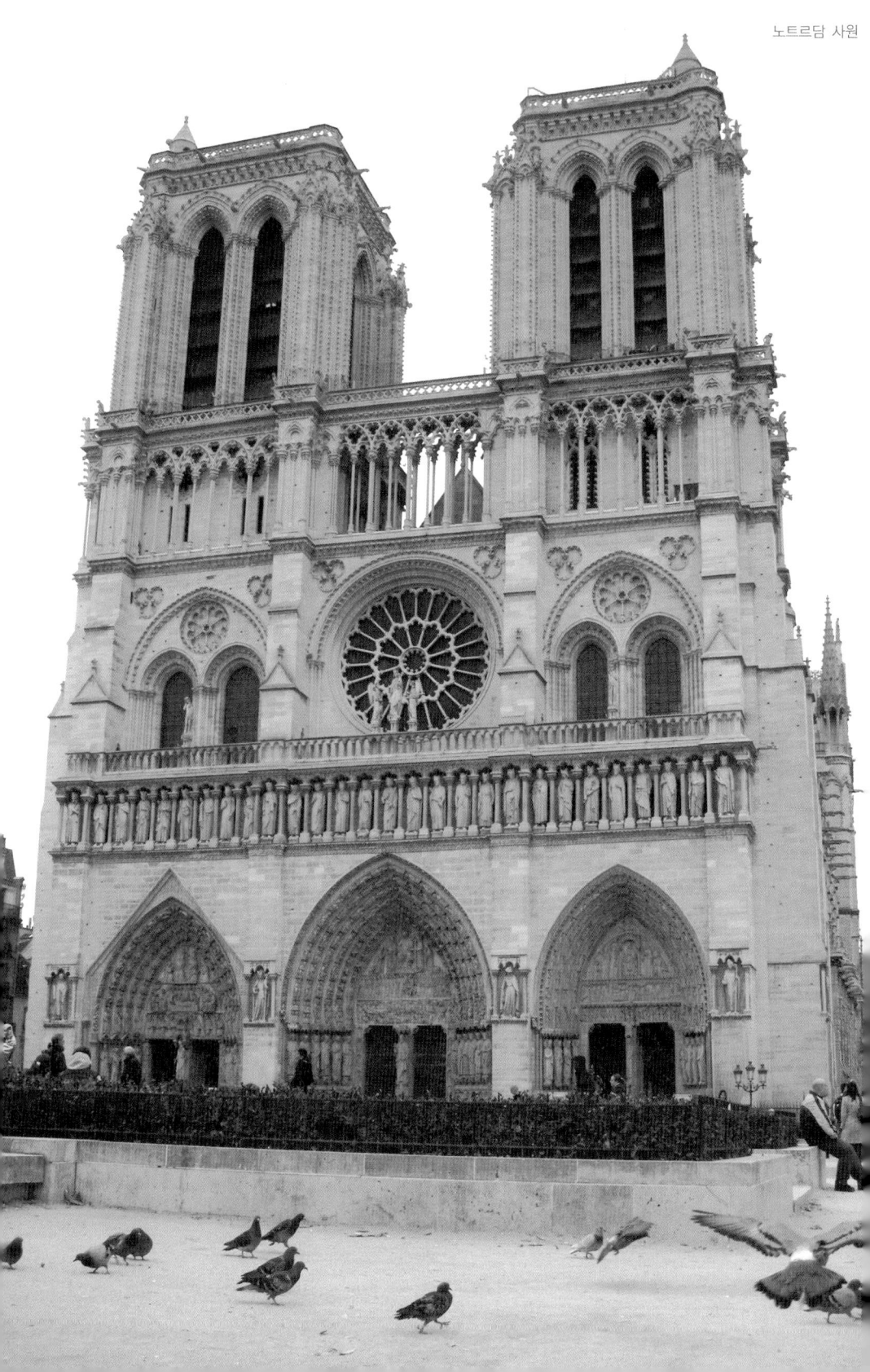

수학여행 온 한 무리의 어린이들과 어울린 노트르담의 꼽추

　성당을 돌아보며 정열적인 집시 무희 에스메랄다를 사랑한 흉측한 외모의 종지기 콰지모도의 애절한 사랑 이야기를 그린 영화 '노트르담의 꼽추' 장면 장면을 떠올려 보았는데, 밖으로 나오니 노트르담의 꼽추가 관광객들과 어울려 사진을 찍고 있었다. 혹시 매혹적인 무희 에스메랄다도 있지 않을까 주위를 둘러보았으나 집시 여인은 보이지 않았다.

　나폴레옹은 역대 부르봉 왕조가 대관식을 치른 랭스 성당이 아닌 이곳 노트르담 성당에서 대관식을 치르고 프랑스의 초대 황제가 되었다. 자기는 부패한 부르봉 왕조의 후계자가 아닌 신성한 로마제국의 계승자라는 것이 그 이유였다나.

판테온과
뤽상부르 정원

노트르담 사원이 있는 시테 섬에서 생미셸 다리를 건너면 생미셸 거리가 남으로 곧게 뻗어 있고 이 길을 따라가면 그리 멀지 않은 곳에 판테온과 뤽상부르 정원이 있다. 18세기 중반 30년에 걸쳐 만들었다는 판테온은 돔이 엄청나게 크고 내부 벽화도 아주 화려했다. 잔 다르크의 일생을 그린 벽화는 크기도 어마어마했거니와 백년전쟁에서 프랑스를 구해 낸 그녀의 모습이 생동감 있게 그려져 있었다.

판테온의 지하는 공동묘지로 프랑스의 위인들이 잠들어 있다. 입구 오른쪽에는 루소의 관이, 왼쪽으로는 볼테르의 관이 있고, 긴 통로 좌우에는 에밀 졸라, 빅토르 위고, 그 외에 한세상을 풍미했던 여러 사상가와 작가의 관

뤽상부르 정원의 마로니에

이 있다. 더 이상 관을 안치할 곳이 없다는 런던 웨스트민스터 사원과는 달리 판테온의 지하에는 빈 공간이 꽤 많았다. 한 인간의 업적은 죽은 후에 평가되는 것이니, 살아 이곳을 돌아보기보다는 사후에 이곳에 묻혀야 하지 않을까?

판테온에서 나와 생미셸 거리를 가로질러 파리에서 가장 아름다운 뤽상부르 정원으로 갔다. 유럽의 공원이나 가로에는 우리나라의 플라타너스만큼이나 마로니에가 흔하다. 잎이 무성한 마로니에가 일렬로 늘어서 있는 모습은 서울에서 못 보던 진기한 풍경인데, 그 중에서도 뤽상부르 궁에서 몽파르나스 쪽으로 길게 뻗어 있는 뤽상부르 정원의 울창한 마로니에는 특히 멋있었다. 17세기 초 앙리 4세 때 지어진 이후 왕족들이 거주하였다는 뤽상부르 궁전에 딸린 이 정원은 아름다운 메디시 분수가 있고 많은 석조물이 꽃밭과 어우러져 있는 편안한 휴식처였다.

몽마르트르 언덕에 올라

거리의 무명화가가 그린 아름이 얼굴

　넓은 파리분지에서 유별나게 솟아 있는 언덕, 꼭대기에 하얀 돔을 가진
사크레 쾨르 사원이 있어 파리 시내 어느 곳에서나 보이는 몽마르트르 언덕
을 터덜터덜 걸어 올라갔다. 언덕 꼭대기의 테르트르 광장은 전에 왔을 때보
다 더 복잡하고 답답했다. 예전에는 광장 가운데 작은 카페가 있고 공간이

몽마르트르 언덕 꼭대기에서 파리 시가지를 굽어보고 있는 사크레 쾨르 사원.
모양은 모스크 같지만 가톨릭 성당이다.

널찍했는데 이제는 카페도 커지고 의자가 빼곡히 들어
차 있어 차를 마시는 사람이 아니면 지나갈 수도 없다.

이곳에 온 기념으로 주변에 진을 치고 있는 무명화가
중에 싸게 해 주겠다는 사람에게 아름이의 초상을 그리
게 했다. 우리 눈에 서양인의 얼굴이 다 비슷비슷하듯
서양인이 보기에도 동양인은 마찬가지인가 보다. 아름
이를 그린 아가씨도 정성을 다해 그리긴 했지만 솔직히
한국인이 그린 것만은 못했다.

몽마르트르는 프랑스가 로마의 지배를 받던 3세기
에 초대 주교였던 생드니 신부가 복음을 전파하다가 부
주교 2명과 함께 순교한 곳으로 '순교자를 위한 성당의
언덕'이란 뜻이라고 한다.

또 16세기에는 스페인의 수도사 로욜라가 예수회를
창립한 유서 깊은 곳이기도 하다. 높이가 83m나 되고
하얀색이어서 파리 시내 어느 곳에서나 보이는 사크레
쾨르 사원은 아직 100년이 되지 않은 건축물이다. 디자
인이 독특하여 에펠탑과 마찬가지로 건축 당시 반대가
심했다는데, 이제는 둘 다 파리의 명물이 되었다.

석회암의 일종인 트래버틴이라는 돌로 지어 비바람
과 대기오염에도 불구하고 늘 하얀빛을 띠고 있다. 한
국어로 사원이라고 번역하지만 절이 아니고 로마 가톨
릭 교회다.

주검이 통과한
개선문

개선문 꼭대기에서 바라본 파리 시가지

이탈리아 서쪽 지중해에는 큰 섬이 두 개 있는데 위쪽 코르시카 섬은 프랑스 영토이고 아래쪽 샤르데니아 섬은 이탈리아 영토다.

천하 정복을 꿈꾸던 나폴레옹은 바로 코르시카 섬 출신인데 막스 갈로의 대하소설 '나폴레옹'에 보면 그가 태어났을 때 이 섬은 이탈리아 영토였으므로 어렸을 때 그는 불어를 잘 하지 못했다고 한다. 그러던 그가 프랑스 포병학교를 나와 장교로 복무하면서 전쟁만 하면 귀신 같은 전략으로 적을 무찔러 승승장구하더니 마침내 정권을 잡고 로마 교황으로부터 왕관을 수여받는 형식을 빌려 스스로 황제가 되었다.

1805년 나폴레옹은 지금의 체코 브르노 근처에서 벌어진 아우스터리츠 전투에서 러시아-오스트리아 연합군을 대파하였다. 그가 치른 전쟁 중 가장 큰 업적으로 평가되는 이 승리를 기념하기 위해 나폴레옹은 개선문을 지으라고 명하였다.

그러나 줄리어스 시저와 한니발과 알렉산더 대왕이 승리한 전투를 모두 합친 것보다 더 많은 전투에서 승리하였다는 나폴레옹은 개선문 공사가 한창 진행 중이던 1815년 워털루 전투에서 웰링턴 장군이 이끄는 연합군에 대패하였고, 대서양의 외로운 섬 세인트헬레나에 유배되었다가 1821년 그곳에서 숨을 거두었다.

결국 개선문은 나폴레옹이 죽고 난 후인 1836년 루이 필립 왕 때 완공되었고, 1840년 세인트헬레나 섬에서 돌아온 나폴레옹의 싸늘한 주검이 눈을 맞으며 개선문 아래를 통과하여 앵발리드에 안치됐다.

높이가 50m나 되는 세계 최대의 개선문에는 그의 승리를 묘사한 부조가 있고 기둥 아래 무명용사의 무덤 옆에는 낮이나 밤이나 꺼지지 않는 영원의 불이 타오르고 있다. 뮤지엄 패스를 제시하고 기둥 안쪽 계단을 타고 올라가 개선문 꼭대기에 이르니 파리의 정겨운 시가지가 한눈에 들어와 에펠탑에 오르지 못한 한을 풀었다.

죽어서도 영웅인
나폴레옹

영웅은 죽어서도 영웅인가. 앵발리드에 있는 나폴레옹 1세의 무덤은 너무도 장엄하였다. 황금빛 찬란한 앵발리드 돔에서 수직으로 곧장 내려간 지하에 영웅 나폴레옹의 무덤이 있었다. 비스콘티가 핀란드산 반암으로 만들었다는 관은 길이와 높이가 각각 4m가 넘는 갈색 석조물로 관 자체도 예술품이었다.

앵발리드에는 다른 사람의 무덤도 있는데, 먼저 다녀온 지인이 나폴레옹의 첫 번째 부인 조세핀의 관이 나폴레옹 것보다 화려하다고 하여 열심히 찾아보았지만 없었다. 1층에 조셉이란 이름이 새겨진 화려한 회색 석관이 있었는데, 조세핀이 나폴레옹과 결혼하기 전의 이름이 마리 조셉이어서 혹시 그녀의 것인지 관리인에게 물어보니 조세핀의 묘는 파리 서쪽 교외의 루에이에 있으며, 1층에 있는 것은 나폴레옹의 형으로 스페인 국왕을 지낸 조셉의 묘라고 설명해 주었다. 검은 제복에 콧수염을 기르고 입구에 서 있던 관리인은 설명을 해 주면서 아주 뿌듯해했다.

천하를 주무르던 나폴레옹도 사랑에는 약하였으니 여섯 살이나 연상이고 혁명 중에 남편을 잃은 과부 조세핀을 끔찍이 사랑하여 전장에서도 정열적인 연애편지를 수도 없이 보냈다. 1796년 그녀에게 정식으로 프러포즈하여 그해 결혼하였으나 둘 사이에 후사가 없는데다 나폴레옹이 전쟁터를 누비는 동안 조세핀이 다른 남자를 사귄다는 소문이 들려왔다. 나폴레옹 또한

앵발리드 돔 정중앙에 있는 나폴레옹의 무덤

스페인 국왕을 지낸 나폴레옹의 형 조셉의 무덤

전쟁기념관 광장

이집트 원정 중 젊은 장교 부인에게 연정을 품게 되어 더 이상 애절한 연애 편지도 쓰지 않았다. 결국 나폴레옹은 결혼 14년 후인 1810년 1월 조세핀과 이혼하였고, 그해 3월 오스트리아 황제의 딸인 마리 루이즈와 재혼하였다.

1804년 나폴레옹은 노트르담 사원에서 자기가 직접 황제의 관을 쓰는 대관식을 거행하여 프랑스 역사상 최초의 황제가 되었다. 그때 조세핀 역시 프랑스 역사상 최초의 황후가 되어 머리에 찬란한 관을 썼다. 이때의 광경은 다비드가 그린 그림 '나폴레옹 대관식'(루브르 박물관 소장)에 잘 묘사되어 있는데, 그림의 주인공은 황제가 아니라 다소곳이 무릎을 꿇고 황제 나폴레옹으로부터 금관을 받는 황후 조세핀으로 만인 앞에서 그녀를 돋보이게 한 나폴레옹의 마음을 읽을 수 있다.

조세핀은 1814년 한때 나폴레옹과 함께 지낸 사랑의 보금자리 루에이 말메종에서 50세 나이로 쓸쓸히 숨을 거두었고, 그 1년 후 나폴레옹은 워털루 전투에서 패배하여 그의 제국은 종말을 고하였다. 프랑스 최초의 황제 나폴레옹의 무덤은 지금 앵발리드의 금빛 돔 아래 있고, 최초의 황후 조세핀의 묘는 오가는 이 없는 한적한 시골 들판에 있다.

아듀, 파리

기대가 너무 컸기 때문일까? '파리! 파리!' 노래를 부르던 아내도 기대했던 것만 못하다고 하고, 에펠탑과 개선문을 보고 모나리자를 보고 베르사유 궁전을 본 아름이도 친구들에게 자랑할 거리가 생겼다고 좋아할 줄 알았는데 다른 곳보다 더 나은 것 같지는 않다고 했다. 아름이 역시 기대가 너무 컸었나 보다. 파리의 명물인 디즈니랜드를 데리고 갈 걸 그랬나?

아름이에게 무엇이 가장 인상 깊었느냐고 물으니 지하철이 더러웠던 것, 짐 끌고 다니느라 힘들었던 것, 생미셸에서 먹은 햄버거가 기막히게 맛있었던 것이라고 한다. 유럽 문화의 진수를 만끽하고 세계사 공부도 좀 했으면 바랐는데….

그래도 우리는 파리를 보았다. 여행이란, 특히 해외여행이란 몇 달이 지난 후에 아니면 해가 바뀐 후에 감회가 더욱 새로워지고 그리워지지 않던가. 아름이의 가슴에 새겨진 파리의 추억도 살아가면서 산소처럼 유익한 활력소가 되고 마음을 살찌우는 양식이 되리라.

05

옛 왕의 길을 걷다
동유럽

사슬다리로
이어진 도시

　여름방학을 맞은 아름이와 함께 다뉴브 강 연안에 있는 동유럽 도시들을 보기 위해 다시 여행을 떠났다. 아름이는 프라하의 여인이 되어 보겠다고 했지만 아내는 아름이 공부를 시켜야 된다며 투덜거리다가 마지못해 짐을 꾸렸다.

부다의 언덕에 자리잡은 왕궁과 다뉴브 강의 사슬다리

부다페스트를 시작으로 다뉴브 강을 거슬러 올라가 슬로바키아의 브라티슬라바와 오스트리아의 비엔나 그리고 체코의 프라하(이곳은 다뉴브 강이 아닌 블타바 강 유역이다) 순으로 여정을 잡았다.

헝가리 부다페스트는 한국 민박집이 좋지 않다는 소문을 들었던 터라 호텔닷컴을 통해 저렴한 펜션을 예약하였다. 우리나라 여관 수준이었지만 종업원이 친절하고 깨끗한데다 시내에 있어 큰 불편은 없었다.

헝가리에서 제일 먼저 찾은 곳은 사슬다리와 왕궁이다. 부다페스트에서 꼭 보아야 할 곳이 다뉴브 강과 사슬다리와 왕궁으로 시간이 부족하다면 이 세 곳을 둘러보는 것만으로 족하지 않을까 싶다.

1849년에 완성된 사슬다리는 서쪽 부다와 동쪽 페스트를 연결하여 진정한 부다페스트를 만든 첫 번째 다리로 템스 강의 런던 다리를 만든 영국 기술자들을 초빙하여 설계하고 건설하였다고 한다. 강 양쪽 땅을 연결해 주는 교량이면서 동시에 아름다운 건축물이다. 다뉴브 강에 걸쳐 있는 다리 중 이보다 멋진 다리가 몇 개 없을 듯한데, 안타깝게도 2차 세계대전 때 독일군이 다리를 폭파해서 현재의 것은 전쟁이 끝난 후 1949년에 원래 모습대로 복구한 것이라고 한다.

파리의 베르사유 궁전, 영국의 버킹엄 궁전, 스페인 마드리드의 왕궁, 그 외 다른 나라의 궁궐이 대부분 평지에 있는데 유독 헝가리의 왕궁은 부다의 전망 좋은 언덕 위에 있다. 이렇게 강 건너 언덕 위에 왕궁이 세워진 까닭은 13세기 유럽을 공포에 떨게 했던 몽골의 내습 당시 헝가리 국왕이었던 벨라 4세가 천연의 요새인 이곳에 건축하였기 때문이란다. 이후 역대 왕들이 이곳을 거처로 삼았는데 헝가리가 터키의 침략, 오스트리아의 지배, 세계 양차 대전의 소용돌이를 겪은 데다 중간에 화재가 발생하기도 해 현재 왕궁은 1950년에 복구한 것이다.

건물 외양이 지금은 철거되고 없는 우리나라의 중앙청, 그러니까 일제 강점기 총독부 건물과 흡사한데, 우리가 한때 그곳을 국립중앙박물관으로

헝가리 왕궁의 위용

사용하였던 것처럼 복원한 헝가리 왕궁도 내부는 미술관과 박물관으로 사용하고 있다.

사슬다리에서 바라본 언덕 위의 왕궁도 장엄하였지만 궁궐 정문인 사자의 문과 모퉁이에서 커다란 날개를 퍼덕이고 있는 독수리 상, 안뜰에 있는 분수와 동상을 가까이서 보니 더욱 화려하고 위엄이 있었다.

언덕 위 노점에서 음료수로 목을 축이며 다뉴브 강으로 눈을 돌리니 잔물결 위에 무지개처럼 걸려 있는 사슬다리와 강 건너 국회의사당의 화려한 첨탑이 가슴을 후련하게 해 주었다.

사슬다리

부다에 사는 아버지와 떨어져 강 동쪽 페스트에 살던 세체니 백작은
아버지 살아생전 효를 다하지 못해 늘 죄송한 마음이었는데
겨울 다뉴브 강을 건너지 못해 장례식에도 가지 못하여
머리를 쥐어뜯으며 괴로워했고
헝가리의 들판을 적셔주던 생명의 강 다뉴브를 원망스러워했다.
이미 영국에서는 템스 강에 다리를 놓아
불편 없이 이쪽저쪽을 오가던 터
세체니는 지금이라도 다리를 놓아 선친께 속죄하고
다시 자기와 같은 불효자가 생겨나지 않기를 바랐다.
급기야 런던으로 달려가 건축기술자를 초빙하여
튼튼하고도 아름다운 다리를 만들게 하였으니
이것이 바로 세체니의 사슬다리다.

사슬다리와 페스트 시가지

어부의 요새

옛날 옛적 다뉴브 강에서 많은 물고기가 잡혔고
이 자리에 시끌벅적 완자지껄 어시장이 섰답니다.
나라가 어려움에 처했을 때는
어부 조합원들이 힘을 모아 이곳을 지키기도 했다지요.
건축가 슈레크라가 마차슈 교회를 개축하면서
떡 본 김에 제사 지낸다고
이 언덕도 아름답게 꾸몄다는군요.
하얀 석회암을 정성들여 다듬어 쌓고
동그란 탑 위에 고깔도 얹었으니
눈처럼 하얀 벽은 숲 속 고성에 뒤지지 않고
화려한 뾰족탑이 성당의 첨탑만큼이나 아름답습니다.

어부의 요새

마차슈 교회

영국에 웨스트민스터 사원이 있다면 헝가리에는 마차슈 교회가 있다.
영국의 국왕들이 웨스트민스터 사원에서 대관식을 거행하였듯이
헝가리의 제왕들은 마차슈 교회에서 대관식을 치른다.
부다의 언덕에 처음으로 왕궁을 건축하였던 벨라 4세가 같은 시기에 지은 것을
후세 왕들이 고딕식 첨탑을 올리고 증축하여 현재 모습이 되었다는데,
마침 보수공사 중이어서 아름다운 외관을 감상하지는 못했다.

새 단장을 하고 있는 마차슈 교회

　　동유럽 여행을 오면서 체코에 대한 기대가 컸던 반면 헝가리는 대수롭지 않게 생각했는데 부다페스트를 보니 보통 도시가 아니다. 옛날에 공산국가였기 때문에 막연히 못살고 폐쇄된 나라일 거라고 짐작했는데, 부다페스트 거리 풍경은 다른 서유럽의 도시와 똑같았다. 거리도 잘 정리되어 있고 공원도 많았으며 건축물도 아름다웠다. 언덕 위에 있는 왕궁과 어부의 요새는 특히 멋졌다.

　　언덕 위 어부의 요새 옆에는 마차슈 교회가 있는데, 이 교회는 터키가 지배하던 16-17세기에는 알라신을 섬기는 회교 사원이었지만, 17세기 오스트리아의 도움으로 헝가리가 터키 지배에서 해방되자 150년 동안 알라신을 섬기던 사원이 다시 가톨릭 교회로 환원되어 예수님과 성모 마리아를 모시고 있다고 한다.

　　몇 해 전 아프가니스탄의 탈레반이 유네스코 지정 세계문화유산인 불상을 로켓포로 파괴하는 장면을 뉴스에서 보고 안타까웠는데, 옛날 종교 지도자들의 생각은 지금과 많이 달랐던가 보다. 다른 신을 섬기던 성전을 파괴하지 않고 자기네 신의 것으로 만들어 예배소로 삼은 선인들의 지혜를 왜 후손들은 이어받지 못했을까.

헝가리 최초의 국왕을
모신 성당

다시 사슬다리를 건너 동쪽 도시 페스트로 왔다. 우선 헝가리에서 가장 크다는 성 이슈트반 대성당을 찾았다. 서유럽의 대성당은 대부분 13세기경에 건축되었는데 이 성당은 19세기에 지어진 것이다. 1851년에 착공하여 50년 만에 완공하였다고 하니 성당치고는 역사가 짧다.

성당 이름은 1000년부터 1038년까지 헝가리 국왕을 지낸 성 이슈트반에서 유래하였다. 이슈트반은 헝가리 최초의 국왕으로 기독교 신자였으며 1083년에 성인으로 추대된 헝가리의 국부다.

금발머리에 오똑한 코, 파란 눈의 헝가리 사람의 외모는 영락없는 서양인이다. 그런데 희한하게도 헝가리어는 핀란드어와 더불어 유럽 언어로는 드물게 언어구조가 한국어와 더 유사한 우랄어족 계통이다. 헝가리인의 주류인 마자르 족은 용맹하기로 소문나 있는데 언어학자나 역사학자들은 초원에서 유목생활을 하며 정복 전쟁을 치르던 북방민족의 이동과 관련이 있을 것으로 추측한다.

다시 말해서 헝가리인의 조상은 유럽인이 아니라 아시아인 계통이라는 건데, 자칫하다가는 헝가리가 유럽에서 따돌림을 받을 수도 있었지만 이슈트반 국왕이 기독교를 도입하여 국교로 정했기 때문에 유럽의 일원이 되어 있다. 어부의 요새에 성 이슈트반 동상이 있고, 헝가리에서 제일 큰 성당도 그의

이슈트반 성당. 내장재가 화려한 대리석이어서 궁전이나 대부호의 저택 같다.

이름을 따서 지었을 정도로 헝가리 역사에서 그의 위치는 지대하다.

중세에 건축된 서유럽의 성당은 석조물인데 성 이슈트반 성당은 최근에 지어서인지 내장재가 눈부시게 화려한 대리석이어서 성당보다는 궁전이나 대부호의 저택 같은 분위기였다. 붉은색으로 반짝이는 대리석, 아름다운 스테인드글라스, 웅장한 천장화와 금박 입힌 기둥장식 등이 우아함의 극치를 이루고 있었다. 중앙 제단에 예수님 상이나 성모 마리아 상이 아닌 오른손에 이중십자가를 잡고 있는 성 이슈트반의 대리석상이 있는 것도 특이했다.

아름이의 여행노트

아빠의 여행 철학이 '먹고 자는 데 경비를 아껴서 구경하는 데 투자하자'는 것이어서 우리 가족은 해외여행 중에도 항상 밥을 해 먹는다. 여행 때마다 작은 전기밥솥을 가지고 다니면서 아침저녁 밥을 지어먹고 점심은 단무지만 넣어서 만든 간단한 김밥이나 주먹밥 도시락을 먹는다. 독특한 그 나라의 먹을거리가 있으면 음식점에 가서 사 먹기도 하고 맥도널드 같은 패스트푸드점도 이용하지만 그런 경우는 드물다.

오랜만에 헝가리 부다페스트의 번화가 이슈트반 성당 앞 노변 카페에서 점심을 사 먹었다. 메뉴는 마늘크림스프와 헝가리 스타일의 베이컨 그리고 헝가리

노변 카페에서 맛본 헝가리 파스타

식 파스타였는데 파스타는 잘게 썰어져 있어서 숟가락으로 먹었다. 헝가리 음식이라 독특한 향이 나서 밥보다 맛있지는 않았지만 분위기는 좋았다.

바치 거리의
기상천외한 악단

영웅 광장

　국회의사당은 헝가리의 건축가 슈테인도르 임레가 설계하였는데 여러 가지 다른 양식을 융합하여 건축한 것으로 유명하다. 왕궁의 언덕에서 볼 때 우뚝 솟아 있는 첨탑과 돔이 장관이더니 가까이서 보니 더욱 장엄하였다.

　첨탑은 네오고딕 양식, 외관은 르네상스식, 내부 장식은 바로크 양식이라고 한다. 여행 전에 아름이와 함께 만화로 된 서양미술사 책을 보고 왔는데도 잘 구별이 되지 않는다. 동유럽도 서유럽과 마찬가지로 시청사나 국회의사당 같은 공공건물이 관광명소다.

　이번에는 전차를 타고 부다페스트 최대 광장이라는 영웅 광장으로 갔다. 광장 중앙에 마치 런던의 트라팔가 광장에 있는 넬슨 제독 기념상과 같은 거대한 기둥이 있는데 끝부분에 영웅이 아닌 십자가를 든 천사 가브리엘 상이 있었다. 그렇지만 기둥 받침대에는 헝가리인의 조상인 마자르족 부족장 7명이 말을 타고 그들의 지도자 아르파드를 호위하듯 서 있는 장엄한 조각상이 있었다.

　거대한 기념비 좌우에 독수리 날개 모양으로 펼쳐진 받침대에도 성 이슈트반 국왕을 비롯한 헝가리 독립전쟁의 영웅 14명의 상이 위엄 있게 서 있었다. 광장은 세계 여러 나라에서 온 관광객들로 북적였고 한편에서는 청소년들이 자전거와 롤러블레이드를 타며 한껏 젊음을 즐기고 있었다.

부다페스트에서 가장 번화한 바치 거리

　부다페스트에도 내가 좋아하는 젊음의 거리, 바치가 있다. 기념품 가게
가 늘어서 있고 거리 화가가 있고 떠돌이 악사가 있고 생기발랄한 젊은이들
이 넘치는 곳, 이런 곳에 오면 사람 사는 세상에 온 것 같다.
　이국적인 정취를 물씬 느끼며 산책하듯 거리를 구경하는 재미가 쏠쏠하
였는데, 이날은 특히 각각 다른 양의 물이 든 여러 개의 맥주병을 입으로 부
는 기상천외한 악단의 연주가 그만이었다. 병에 들어 있는 물의 양이 다르니
병마다 음이 다르고 병 10개를 묶으니 팬플루트와 비슷한 악기가 되었는데,
이 악기를 기교 있게 연주하니 오가는 사람들이 발길을 멈추고 감상하였다.

황혼의
겔레르트 언덕

해질녘에 아름이 손을 잡고 겔레르트 언덕에 올랐다. 인근에서 제일 높은 235m의 언덕, 아름다운 다뉴브 강이 내려다보이는 전망 좋은 곳에 누각 대신 포대가 있고 요새 담장 앞에는 기다란 포신이 달린 대포도 여러 문 있었다.

땅거미가 밀려오는 겔레르트 언덕

겔레르트 언덕 정상에 있는 소련군 전사자 위령탑

유럽을 지배하던 오스트리아의 합스부르크 왕가가 이곳에 요새를 만들어 헝가리 독립운동을 감시하였고, 2차 세계대전 때는 독일군이 대포를 끌고 와 부다페스트 시내를 향해 포탄을 퍼부었다는 곳이다.

유유히 흐르는 다뉴브 강의 잔물결이 석양빛에 반짝거리고 왕궁도 저녁 햇살을 한아름 안고 있다. 언덕 꼭대기에 2차 세계대전 때 헝가리를 도와준 소련군 전사자의 위령탑이 있는데 커다란 종려나무 잎을 양손으로 받쳐들고 날아갈 듯이 서 있는 여인의 모습이 장엄하였다.

해가 뉘엿뉘엿 지고 땅거미가 밀려오는 언덕에서 저녁 바람을 맞으며 다뉴브 강과 부다페스트 시내를 굽어보고 있으니 가슴이 벅차오르고 기분이 이상야릇했다. 왕궁 너머 마차슈 교회의 첨탑, 그 너머 언덕에 예쁘게 자리 잡은 아름다운 주택들, 그리고 사슬다리 건너 시가지 모습과 눈길 닿는 곳까지 펼쳐져 있는 지평선을 바라보니 세상은 넓고 볼 것은 많은데 왜 그렇게 앞만 보며 바쁘게 살았던가 하는 생각이 들었다.

복잡한 일을 잠시 접어두고 가족과 함께 유유자적하는 이 순간이 가장 행복한 시간 아닐까? 여행 와서도 마지못해 책을 펴놓고 공부하는 아름이의 스트레스가 이 언덕만큼이나 쌓였을 텐데, 홀홀 털어서 저 다뉴브 강에 모두 흘려보냈으면 좋겠다.

관광도 하고
미인 구경도 하고

브라티슬라바 성에서 본 성 마르틴 교회(왼쪽)와 브라티슬라바 시가지 전경

부다페스트에서 아침 일찍 출발하는 코치를 타고 슬로바키아의 수도 브라티슬라바로 향했다. 체코슬로바키아의 일부로 있다가 1993년에야 독립한 슬로바키아는 면적도 남한보다 작고 인구는 550만여 명밖에 되지 않는다. 수도 브라티슬라바 역시 인구 41만 명의 작은 도시여서 주요 관광지는 걸어다니면서 봐도 충분했다.

브라티슬라바의 숙소도 호텔닷컴을 이용해 키예프 호텔을 저렴하게 예약하였는데 20층으로 이곳에서 가장 높은 건물 중 하나지만 내부는 구식이고 매우 낡았다. 창문 새시는 우리나라에서 70년대에 사용하던 은색 알루미늄인데 아귀가 맞지 않아 여닫을 때마다 삐걱거리고 침대와 테이블도 중고시장에나 굴러다닐 정도로 구닥다리였다. 고객의 편의나 디자인 등은 전혀 고려하지 않은 듯했다.

하지만 토스트에 우유와 시리얼만 주는 다른 호텔과는 달리 푸짐한 스테이크와 과일까지 주는 아침식사는 그만이었다. 아름이도 모처럼 좋아하며 양껏 먹었다.

시내를 걸어서 미하엘 문과 시청사, 성 마르틴 교회, 국립극장 등 볼거리를 찾아다녔다. 동유럽이라고 하지만 건물 모양도 거리 풍경도 서유럽과 다르지 않았다. 국립극장에서 마르틴 교회 입구까지 이어진 띠 모양의 기다란 광장이 그 중 인상적이었다. 가로수 길과 분수가 시원하게 뻗어 있고 양쪽으로 상가가 있어 운치가 있으면서 실용적인 광장이었다.

높은 언덕 위에 있는 브라티슬라바 성을 헉헉거리며 올라갔더니 시내와 다뉴브 강이 한눈에 보여 흘린 땀이

브라티슬라바 성

아깝지 않을 정도로 전망이 좋았다. 하지만 안타깝게도 성 전체가 수리 중이었다. 헝가리 부다 언덕의 마차슈 교회도 그랬는데, 변변한 사진 한 장 건지지 못한 것이 아쉬웠다.

언덕 꼭대기에 있는 브라티슬라바 성은 꼭 스페인의 알카사르 성처럼 네모 반듯이 높게 쌓았다. 어느 책에는 테이블을 엎어 놓은 모습이라고 했는데 높은 담장과 정사각형 모양이 멀리서 보면 꼭 담장 높은 교도소 같다.

이 성은 신성로마제국 시대부터 있었고 15세기에서 17세기에 이르는 동안 증축에 개축을 더해 현재의 모습이 되었다. 16세기에는 헝가리 왕국의 수도로 정치의 중심지였고 18세기에는 그 유명한 합스부르크가의 오스트리아 여제 마리아 테레지아가 머물기도 했다는 유서 깊은 성인데 지금은 박물관으로 사용되고 있다.

아름이의 여행노트

아빠가 농담으로 슬로바키아는 경치를 보러 가는 것이 아니라 예쁜 여자를 보러 가는 것이라 하셨다. 그리고 여자들만 아름다운 것이 아니고 남자들도 핸섬하여 아가씨들은 조각미남을 보러 간다고 하셨다. 장동건이 밭을 매고 김태희가 나물을 캘 정도로 미남미녀가 널렸다는 것이다.

슬라브계인 이곳 사람들은 '미수다'에 나오는 언니들처럼 예뻤다. 그런데 표정은 그렇게 발랄하지 않아, 헝가리 사람들이나 나중에 본 체코인들에 비해 무뚝뚝한 편이었다. 슬로바키아란 이름으로 독립한 지 얼마 되지 않았고 그 이전에는 체코슬로바키아요 수도도 프라하였으니 브라티슬라바는 변방이었을 것이다. 부다페스트나 프라하에 비해 도시가 작기도 하였지만 발전이나 개방 속도가 느린 것같이 보였다.

데빈 성으로의 여행

시내와 브라티슬라바 성을 둘러본 후 버스를 타고 교외 널찍한 평원 길을 달렸다. 20분 걸려 도착한 종점, 그곳에 데빈 성이 있었다. 다뉴브 강과 모라비아 강이 만나는 두물머리 평원 위에 우뚝 솟아 사방 수십 리를 볼 수 있을 만큼 시야가 탁 트인 곳, 누가 봐도 천연 요새다. 성을 쌓고 대포를 배치해 방어기지를 만들기에 최적지라는 것을 삼척동자도 알 수 있는 언덕이다.

그래서 신성로마제국 시대 이래 아주 중요한 전략적 요충지였다는데 1809년 나폴레옹군과 싸우다 패배하여 성이 초토화되었단다. 포성이 멎고 성은 폐허로 남아 있으나 주변에는 평화로운 마을과 예쁜 전원주택들이 고즈넉이 둥지를 틀고 있었다.

군데군데 남아 있는 성벽이 무성한 잡초와 어우러져 조각가의 예술작품처럼 아름답다. 성을 휘돌아 흐르는 두 강 너머로는 언덕 하나 없는 평원이 지평선까지 이어져 있다. 이쯤 되니 과거의 전쟁터가 아니라 현대의 별장지에 와 있는 듯하였다.

언덕 마루에는 텐트로 군 막사를 만들어 놓고 화덕과 조리기구도 설치해 놓았다. 옛날에 군인들이 쓰던 투구와 무기를 전시해 놓았는데 원하는 관광객은 누구나 써 보고 사용해 볼 수 있는 병영체험 무대였다.

나폴레옹 군대가 초토화시킨 후 폐허로 남아 있는 데빈 성

데빈 성벽을 오르는 젊은이들

스튜던트 에이전시

　　동유럽 여행 계획을 세우면서 도시를 이동할 때 어떤 교통수단을 이용할까 한참 고민하였다. 유럽의 각 도시는 철도망이 거미줄처럼 연결되어 있고 철도여행이 가장 편리하고 안락하지만 요금이 비싸다. 조금 불편하지만 유럽의 거의 모든 도시를 운행하는 저렴한 '유로라인'을 이용하려고 했는데

넓고 깨끗하고 안락한 스튜던트 에이전시 버스

스튜던트 에이전시 버스의 예쁜 안내양

정보를 수집하면서 '스튜던트 에이전시'라는 저가 코치가 있다는 것을 알게 되었다.

이 회사는 체코, 슬로바키아, 헝가리 등 과거 공산권이던 동유럽 국가의 각 도시를 연결하는 장거리 노선에 코치를 운행하고 있는데 가격이 유로라인의 절반 정도밖에 안 되고 인터넷 예약도 가능했다.

버스 크기가 유로라인과 동일하고 안락하기는 그 이상이었다. 차도 신형이고 의자도 편안했으며 어여쁜 차장 아가씨가 커피와 음료는 물론 신문과 잡지까지 무료로 서비스했다. 장거리 노선은 중간에 갈아타야 하는 경우도 있지만 크게 불편하지 않았으며 친절도와 가격 등을 고려할 때 만족스러웠다. 우리 가족 셋이 부다페스트에서 브라티슬라바까지 한화 46,000원, 비엔나에서 프라하까지는 56,000원밖에 들지 않아 경비를 많이 절감했다.

반지(Ring)의
도로를 따라서

비엔나 오페라 하우스

슬로바키아 서쪽 끝에 브라티슬라바가 있고 오스트리아 최동단에 비엔나가 있어 두 도시의 거리는 50km밖에 되지 않고 버스로 1시간이면 닿을 수 있다. 그런데 두 도시는 판이하게 달랐다. 한쪽은 예술의 도시로 부와 번영을 누린 개방적인 도시였지만, 또 한쪽은 수십 년을 장막 속에 갇혀 지낸 폐쇄되고 고립된 도시였다. 지금은 둘 다 EU 회원국의 수도이고 두 도시가 상생하기 위해 노력하고 있지만, 브라티슬라바는 아직 조용하고 관광객도 적은 반면 비엔나는 수많은 관광객들로 북적였다.

비엔나는 숙박료도 매우 비쌌다. 동유럽처럼 저렴한 호텔이 없고 이탑 같은 저가 호텔도 외곽에 있어 한국 민박집을 예약하였다. 브라티슬라바에서 비엔나까지는 스튜던트 에이전시 노선이 없어 짧은 거리를 유로라인을 타고 이동해 비엔나 남역에서 내려 3일간 이용할 수 있는 승차권부터 구했다. 다시 지하철을 타고 북역으로 가서 예약해 놓은 한국 민박집에 여장을 풀고 시내로 나갔다.

비엔나는 옛날 성벽을 허물고 만들었다는 '링(Ring)'이라는 도로가 시내 중심부를 동그랗게 에워싸고 있고 유명한 관광지가 도로 양쪽에 오글오글 몰려 있다. 케른트너 거리 남쪽 끝에 있는 오페라 하우스부터 찾았다. 동서남북 어느 쪽에서 보아도 똑같은 모양이어서 때로 방향감각을 잃게 되는 오페라 하우스는 1869년에 개관한 유럽 3대 오페라 극장 중 하나다.

사실 오페라 하우스의 외양보다는 공연이 중요한데 8월 한여름 휴가철에는 공연을 하지 않는다. 4월에 이곳을 다녀온 사람들 말로는 오페라 관람료가 한화 30만 원 정도 하지만 5천 원짜리 입석이 있다고 한다. 그런데 이 입석표를 구하려면 두 시간 정도 줄을 서야 하므로 시간을 투자할 것인지 말 것인지 미리 정하라고 했다.

일단 표를 구하면 입장해서 자리를 찜해 놓고 한두 시간 다른 볼일을 보다가 시간 맞춰 입장해서 관람하면 된단다. 입석인데 어떻게 자리를 잡을 수

미술사 박물관에 있는 브뢰겔의 작품 '바벨탑'

있을까? 입석 중에도 잘 보이는 자리가 있는데 이런 자리를 찾아서 손수건이나 스카프를 기둥에 매놓으면 찜이 되는 것이라고 한다. 잘 몰라서 구석자리에서 까치발을 하고 보았다는 사람도 더러 있다. 오페라 견학 투어가 있기는 한데 건너뛰고 미술사 박물관으로 갔다.

유럽인들은 일부러 시간을 들여 차근차근 미술관을 관람한다. 요즘은 미술에 조예가 깊거나 자녀들과 같이 여행하는 한국인들도 미술관을 찾는 사람이 많다. 미술에 대한 기초지식을 쌓은 후에 유명한 미술관을 관람하는 것이 여행의 진미일 수도 있겠다. 그러나 사람마다 취향이 다른 법, 나는 솔직히 수만 점의 예술품이 전시되어 있어 대충 보아도 하루요 차근차근 보는 데는 몇날 며칠이 걸리는 미술관 관람에는 그렇게 흥미가 없었다.

하지만 비엔나 미술사 박물관은 파리 루브르 박물관이나 런던 내셔널 갤러리와 같이 거대한 미술관이 아니어서 짧은 시간에 관람할 수 있다. 그렇다고 소장품의 질이 떨어지는 것은 결코 아니다. 1층에는 투트모시스 3세 상 같은 고대 이집트와 그리스 로마 시대의 유물, 2층에는 유명화가의 작품이 전시되어 있는데 루벤스와 렘브란트의 '자화상', 라파엘로의 '초원 위의 성모', 브뢰겔의 '농가의 결혼잔치', '바벨탑' 등 학창시절 미술책에서 많이 본 눈에 익은 작품들이 있어 흥미 있게 감상하였다.

국회의사당도 링 도로변에 있는데 외양이 그리스 파르테논 신전과 흡사했다. 런던 대영박물관에서 헝가리 부다페스트 박물관까지 유럽 도시의 박물관이나 미술관 그리고 공공기관 건물 중 상당수가 그리스 신전 양식이다. 1883년에 완성했다는 이 의사당 정면의 조각작품도 아테네 여신상이었다.

국회의사당

23개의 종이 있는 성당

　다음에 찾은 곳은 비엔나의 상징인 성 슈테판 성당이다. 이 성당은 12세기에 지은 후 증축과 개축을 거듭하여 지금은 로마네스크 양식과 고딕식이 혼합되어 있는 형태다. 쾰른 대성당에 버금가는 136.7m 되는 첨탑이 있는데 14세기에 시작한 이 첨탑의 건축에만 65년이 걸렸다고 한다. 종루에는 23개의 종이 있고 제일 큰 종의 무게는 20톤이 넘는다.

케른트너 거리에서 마당을 편 비보이 공연단

어느 날 이 성당의 종이 울려서 종루에 앉아 있던 새들이 화들짝 놀라 날아가는 것을 본 작곡가 베토벤이 자신의 귀가 들리지 않는다는 것을 알았다는 이야기가 있다.

전에 왔을 때 성당 남쪽 탑 343계단을 올라가 비엔나의 노을을 감상한 기억이 나 아름이에게 권했더니 다리가 아파서 싫다고 한다. 돌이켜보니 나 역시도 당시 피곤해 죽을 지경이었는데 비엔나에 살고 있던 5년지기 펜팔 페트라의 권유로 울며 겨자 먹기로 올라갔던 것 같다.

스테인드글라스도 화려하고 파이프오르간도 웅장하였지만 이미 수도 없이 본 것이어서 성당 예배용 의자에 앉아 더위를 식힌 후 천천히 감상하였다. 무더운 여름날 시내를 관광할 때 성당이나 교회는 좋은 휴식처다. 냉방을 하지 않아도 거대한 석조 건물 안은 동굴 속처럼 시원하다.

성당을 나와 땡볕이 내리쬐는 케른트너 거리를 걸었다. 자동차 통행이 금지되어 있는 이 거리에는 다행스럽게도 내가 좋아하는 유랑악단과 공연단이 있어 덥지도 지루하지도 않았다. 떠돌이 악단의 바구니에 동전을 던져 주고 아름이와 함께 언제 어디서 오는지 모르지만 매일 바뀐다는 거리 음악대의 생음악을 한참 감상하였다.

오스트리아 궁전 여행

호프부르크 왕궁 정원의 모차르트 상과 높은음자리표

비엔나에는 세 개의 왕궁이 있다. 시내 중심에 호프부르크 왕궁이 있고 교외에 벨베데레 궁전과 쉔브룬 궁전이 있는데, 벨베데레 궁은 왕의 궁전이 아닌 오이겐 공의 궁전이니 실제는 두 개인 셈이다. 첫날 링 도로 주변에 있는 호프부르크 왕궁을 찾았다.

이곳은 13세기부터 650년간 합스부르크 왕가의 궁이었고 현직 오스트리아연방공화국 대통령의 집무실과 회의실이 있으며 일부가 박물관으로 사용되고 있다. 호프부르크 왕궁은 대형 건물 한 동이 있는 것이 아니고 가장 먼저 건축하였다는 스위스 별궁과 미하엘 별궁, 레오폴드 별궁, 아우구스트너 성당, 가장 최근에 지었다는 신왕궁 등 12개의 큰 건물과 부르크 문 등으로 이루어진 대규모 단지였다.

왕궁 정원에 모차르트 동상이 있고 동상 바로 앞 잔디밭에 높은음자리표 모양으로 빨간 꽃을 심어 놓아 마치 초록색 헝겊에 빨강색 실로 수를 놓은 것처럼 예뻤다. 오스트리아 왕들은 호프부르크 왕궁을 겨울철에 주로 사용하고 여름에는 널찍한 정원이 있는 쉔브룬 궁전에서 지냈다고 한다.

벨베데레 궁전은 지하철 D선으로 20분 정도 걸리는 시내 동남쪽에 있다. 1714년에 지어졌다는 하궁은 중앙부를 제외하고는 단층 건물에 다락방이 있고, 그보다 9년 후에 지었다는 상궁은 3층(다락방을 포함하면 4층)으로 규모가 크고 웅장했다. 정연한 직각면 대신 물결치는 듯한 곡면을 사용한 바로크 양식의 건물이 정말 아름다웠다. 두 궁전 모두 미술관으로 사용되고 있는데, 하궁에는 18세기 이전의 작품이, 상궁에는 19세기 이후의 것이 전시되어 있다.

트루크와의 전쟁에서 승리한 오이겐 공의 여름 별장이었다는 이 궁전은 상궁과 하궁 사이에 있는 정원이 무척 화려했다. 넓은 잔디밭 곳곳에 알록달록 백화가 만발하고 하얀 대리석으로 만든 조각작품 수십 점이 꽃나무와 어우러져 장관을 연출했다.

오이겐 공의 여름 별장이었다는 벨베데레 궁전(상궁)

　오스트리아의 베르사유로 불리는 쇤브룬 궁전은 '아름다운 샘물'이라는 뜻이라고 한다. 1569년 신성로마제국의 황제 막시밀리안 2세가 오락을 즐기기 위해 사들인 땅으로 후일 사냥터로 사용하다가 17세기에 레오폴트 1세가 처음 궁을 지었고 18세기에 마리아 테레지아 여제가 늘리고 가꿔 지금처럼 아름다운 궁전이 되었다.

　우리나라 사람들이 많이 오니 이제는 한국어 안내서가 비치되어 있는 관광지가 많은데 쇤브룬 궁전은 한국어 오디오 안내기까지 있어 제대로 관람했다. 그저 예쁘다, 멋지다는 것 외에 언제 어떻게 만들어졌고 왕이 접견실에서 하루 몇 명을, 어떤 사람들을 접견했는지, 모차르트가 언제 이 방에 와서 어떤 곡을 연주했는지 설명을 들으면서 돌아보니 한층 유익했다.

　프랑스 베르사유 궁전에 있는 '거울의 방'이 쇤브룬 궁전에도 있는데 바

오스트리아의 베르사유, 쇤브룬 궁전

로 이 방에서 여섯 살 된 모차르트가 자기보다 한 살 많은 마리 앙투아네트에게 구혼을 했단다. 글쎄, 여섯 살짜리 꼬마의 구혼이라. 당시 풍속은 잘 모르지만 어린 나이에 아련한 사랑의 감정과 결혼이 무엇인지를 알기나 하였을까? 마리아 테레지아 여제는 딸들을 프랑스나 스페인의 왕족과 결혼시켰으며 15번째인 마리 앙투아네트도 프랑스 왕세자에게 시집보냈으니 모차르트의 구애는 이루어지지 못했다.

마리 앙투아네트와 결혼한 왕세자가 바로 루이 15세 사망 이후 프랑스 국왕이 되어 혁명의 소용돌이에 휘말린 루이 16세다. 베르사유 궁에서 사치와 향락에 빠져 있다가 프랑스 혁명군의 엄한 심판을 받아 콩코르드 광장의 단두대에서 목이 잘린 비극의 여인 마리 앙투아네트도 어머니 마리아 테레지아와 함께 아름다운 쇤브룬 궁전 화려한 방에서 어린 시절을 보냈던 것이다.

쇤브룬 궁전 정원은 베르사유 정원 못지않았다. 베르사유 정원은 내리막이고 분수와 운하가 있는데 쇤브룬 정원은 오르막이고 꼭대기에 '글로이에테'라는 장엄한 석조 건축물이 있다. 비엔나가 이렇게 더운 도시였던가? 쇤브룬 정원을 돌아보는데 수은주가 무려 섭씨 38도. 이탈리아나 스페인처럼 남유럽도 아니고 중부유럽이 이렇게 더우리라고는 상상하지 못하였다. 아내는 숫제 그늘 벤치에 앉아 쉬고 싶다며 정원 관람을 포기했다.

아름이와 둘이서 정원을 둘러보며 언덕을 올라 글로이에테까지 갔다. 프로이센 전쟁 승전 기념비이자 전사자 추모비로 1757년 만들었다는 글로이에테는 웅장한 석조 건축물로 지붕에는 금방이라도 건물을 송두리째 들고 하늘로 치솟아 올라갈 듯 날갯짓하는 거대한 독수리상이 있다. 그리고 이곳에서 바라본 쇤브룬 정원과 궁전 모습 그리고 비엔나 고급 주택들의 풍경은 한 폭의 그림이었다.

쇤브룬 정원과 언덕 위에 날아갈 듯 솟아 있는 글로이에테

다뉴브 강에 가 보았지

다뉴브 강에 가 보았지.
강물에 첨벙 뛰어들어
수영하는 청년이 있었고
잔디밭에 벌렁 누워
일광욕을 즐기는 여인도 있었어.

근데 어떡하니?
나는 동방예의지국에서 왔잖아.
다 큰 처녀가 왜 함지박만한 가슴을 드러내 놓고 있는 거야.
여기가 어딘데 귀를 잡고 마구 뽀뽀를 하고 있는 거야.
그렇다고 눈을 감고 걸어갈 수는 없는 노릇이잖니?

다뉴브 강에 가 보았지.
나체족만 있는 것은 아니었어.
강물은 심연처럼 푸르고
잔물결이 햇살을 받아
비늘처럼 반짝거렸어.
강 건너에 예쁜
예배당도 있었지.

찰랑이는 물결 위로
요한 스트라우스의 아름다운 선율도
흐르고 있었어.

청포도가 익어가는
빈 숲

    감히 빈 숲(비엔나 숲)에 다녀왔다는 말을 못하겠다. 빈 서쪽에 있는 광활한 숲을 보려면 하루가 족히 걸린다는데, 오며가며 소비한 시간을 빼면 한 시간 정도 머물렀다.

    트램(전차) 38번을 타고 종점에 내려 그곳에서 숲을 왕복하는 38A번 버스로 갈아타고 맨 끝 정류장에 내리니 나를 반기는 것은 아름다운 숲이 아니고 멋진 레스토랑이었다. 비엔나의 조망을 감상할 수 있는 레스토랑 발코니 의자에 앉아 비싼 주스를 시켜 먹으면서 해질녘의 비엔나 경치를 즐겼다. 바로 앞에 드넓은 포도밭이 있고 그 너머로 정겨운 비엔나 시가지 모습이 보였다.

    빈 숲은 빨간 단풍이 들고 포도잎도 갈색으로 물들 즈음이 좋다던데, 그때는 버스를 타지 않고 포도밭 샛길을 걸어서 마을까지 내려간다던데, 가을은 아직 멀었고 주저리주저리 열린 포도도 채 여물지 않았다. 우연히 만난 한국에서 온 여학생은 빈 숲이 비엔나에서 본 것 중 최고였단다.

    그러나 어쩌랴. 이미 해가 저문다. 여행이란 내가 가 보지 않은 곳이 더 아름다워 보이고 그래서 항상 아쉬움이 남는다. 다시 오겠다고 기약하지만 결국 시간에 밀리고 돈에 쪼들려 그리움만 소복소복 쌓이지 않던가. 결국 그 해 수확한 포도로 빚은 신선한 포도주를 파는 호이리게 술집도, 베토벤이 전원교향곡을 작곡했다는 작은 오두막도 보지 못하고 다시 38A번 버스를 타고 언덕을 내려왔다.

청포도가 알알이 맺혀 있는 빈 숲의 포도밭. 포도가 여물 때 와서 갓 담근 포도주라도 먹어볼 걸 그랬나.

음악이 흐르는 도시

비엔나에는 링 도로 양쪽으로 공원이 많은데 그 중 시립공원은 무척 넓다. 이 공원에는 음악의 도시 빈에서 활동한 요한 스트라우스, 슈베르트, 브루크너 등 많은 음악가들의 기념상이 있고 동상 옆에서는 무명 음악인들이

시립공원에 있는 요한 스트라우스 상과 브루크너 상

한여름 밤 시청사 광장에서 열린 필름 페스티벌

플루트를 연주하며 산책 나온 시민들의 관심을 끌기도 한다.

이 공원 한가운데는 백수십 년 전 요한 스트라우스가 오케스트라를 지휘했다는 야외 레스토랑 '쿠어 살롱'이 있다. 무대를 빙 둘러싼 테이블에 앉아 식사를 하면서, 아리따운 무희들이 하얀 드레스를 입고 오케스트라 반주에 맞춰 나비같이 추는 멋진 왈츠를 감상할 수 있는 곳인데, 굳이 식사를 하지 않고도 먼발치서 음악과 춤을 감상할 수 있는 한여름 밤의 명소다.

7월과 8월 시청 광장에서는 매일 밤 필름 페스티벌이 열린다. 문자 그대로 대형 스크린에 오페라나 음악회 동영상을 띄우고 성능 좋은 음향시설을 설치하여 웅장한 음악을 들려 준다. 우리 가족도 저녁나절 필름 페스티벌을 즐기려고 길을 나섰다.

그날 작품은 뮤지컬이었는데 웅장한 연주에 이어 배우들이 나와서 독창과 중창과 합창을 했다. 처음에 대단한 것 같더니만 시간이 흐르면서 단조로운 음악이 계속되자 지루해서 자리를 떴다. 숙소로 오는 길, 전철에서 내리니 밤이지만 주위가 유난히 어둡고 바람이 휘몰아치면서 갑자기 장대비가 내렸다. 낮에 워낙 좋은 날씨였기 때문에 우산은 생각도 못했는데 역에서 숙소까지 5분 거리를 도저히 갈 수가 없었다. 필름 페스티벌을 관람하던 그 많은 관객들은 어디로 어떻게 피했을까? 일찍 일어나길 정말 잘했다.

비가 뜸해진 틈을 타 숙소로 뛰어와 보니 10명의 투숙객 중 돌아온 사람은 우리 가족뿐이었다. 10시가 넘어서야 물에 빠진 생쥐가 되어 하나 둘 돌아왔다. 비가 오려고 낮에 그렇게 무더웠던가? 38도까지 올라갔던 수은주가 비 온 다음날 33도로 떨어졌다. 그리고 체코 프라하에 갔을 때는 30도 아래로 곤두박질쳤다.

아름이의 여행노트

비엔나의 민박집 아줌마가 시청 필름 페스티벌 관람이 공짜이고 그날 곡도 좋은 것이라기에 음악 감상을 하러 갔다. 땅거미가 밀려올 즈음 시청으로 갔더니 낮에는 없던 포장마차가 입구부터 진을 치고 있었다. 세계 각국의 고유음식을 파는 노점들이었는데 한 바퀴 돌아보았지만 한국 음식 코너가 없어서 일본 음식 판매대에서 스시를 사 먹었다.

시청사 앞에는 거대한 스크린이 설치돼 있고 광장에 수백 개의 의자를 깔아 놓았는데 공연이 시작되기 훨씬 전에 의자가 다 찼다. 정각 8시에 필름 페스티벌이 시작되자 웅장한 음악이 천지를 뒤흔들었다. 그날은 오케스트라 연주보다는 성악이 주를 이루었다. 어떤 내용인지 미리 알고 왔으면 좋았을 걸, 아무 준비 없이 왔더니 전혀 들어보지 못한 곡인데다 낮에 많이 걸어 쓰러질 것처럼 피곤해 30분 정도 감상한 후에 자리를 뜬 것이 아쉽다.

비엔나의 민박

비엔나를 회상하면 아름다운 쇤브룬 궁전보다 지독한 무더위와 불편한 민박집이 떠오른다. 오래 전 스페인에서 40도가 넘는 불볕더위를 겪은 이후 이런 무더위는 처음이었다. 시내 관광을 하면서 가판대에서 수도 없이 생수를 사 먹었는데 가장 괴로웠던 것은 샤워를 할 수 없는 것이었다. 한낮에 샤워를 하고 두어 시간 휴식을 했으면 좋았을 텐데, 우리가 묵었던 민박집은 아침에 나오면 저녁에 관광이 끝날 때까지 들어갈 수가 없는 곳이었다.

한국인이 경영하는 민박집은 두 종류가 있다. 하나는 민박을 업으로 삼아 전적으로 여기에 매달리는 집, 또 하나는 다른 직업이 있으면서 부업으로 민박을 운영하는 집이다. 나중에 소개할 프라하의 민박은 전자이고, 비엔나의 민박은 불행하게도 후자였다.

민박집 주인은 비엔나의 대학교수이고 아주머니는 두 아이의 엄마였다. 이들에게 중요한 것은 민박 손님이 아니라 가족이기 때문에 손님에게 제대로 서비스를 할 수 없었다. 그래서 도착시간을 미리 알려 줘야 하고 아침에 숙소를 나오면 저녁까지 다시 들어갈 수가 없다. 남편은 집에 없고 부인은 수시로 볼일을 보러 나가 대문은 항상 잠겨 있고 손님에게 열쇠는 주지 않았다.

침실은 방 한 칸에 이층침대 4개를 들여놓은 도미토리여서 어른도 어린이도 여대생도 한방에서 생활했는데, 한밤중에 여학생이 미끄러지듯 들어와 침대로 올라가는 소리를 들어야 했고, 아침에 1시간씩 볼을 토닥이며 화장하는 모습도 보아야 했다. 부다페스트의 호텔에서도 컵라면을 끓여 먹고 햇반을 데워 먹었는데 이곳은 부엌이 닫혀 있고 거실도 없이 밖에 식탁만 하나 덩그러니 있어 커피 한잔, 컵라면 하나 끓여 먹을 수가 없었다. 또 일주일에 한 번 금요일은 휴무여서 금요일을 끼고 온 관광객은 숙소를 중간에 옮겨야 했으니 얼마나 불편한가.

여름 성수기여서 주인이 쓰는 방까지 손님을 들여 주인을 포함해 어른만 12명이었는데 욕실은 단 하나. 공교롭게도 관광을 나갔던 사람들이 들어오는 시간이 10시 전후여서 목욕 차례를 기다리는 것도 곤욕이었다. 뙤약볕을 안고 종일 쏘다녀서 땀내 나는 끈적끈적한 몸을 빨리 씻고 싶었지만 그럴 수도 없고, 막상 차례가 되면 부득이 두 명씩 들어가기도 했다. 아내와 딸이 함께 들어가는 것은 그렇다 쳐도 부부가 함께 들어갈 때는 들어가는 사람도 기다리는 사람도 서로 민망하였다.

그 민박집이 불편하기만 했던 것은 아니다. 아침식사는 김치가 있는 한식인데 아주 정갈하고 맛있었다. 비엔나의 볼거리도 한국말로 안내해 주고 여행하다 어려운 일이 있으면 전화로 물어볼 수도 있었다.

그리고 여행 가이드처럼 쇼핑할 곳과 식당을 소개해 주기도 했는데 '꼭 ○○민박에서 왔다는 말을 하고 현금을 사용하라'는 것을 보면 커미션을 챙기는 듯했지만 여행객으로서도 손해볼 일만은 아니었다. 실제로 그 민박집에서 소개해 준 기념품점에서 좋은 제품을 싼 가격에 구입했고 식당에서는 맛있는 요리를 지렴한 가격에 먹었다.

맛집을 찾아서

여행의 즐거움 중 하나가 현지의 맛있는 음식을 먹어 보는 것이고 아예 맛있는 음식만 찾아다니는 식도락 여행이 있기도 하다. 그런데 우리는 경비를 줄일 수 있는 항목이 숙박비와 식비여서 아침과 저녁은 숙소에서 밥을 지어먹고 점심은 주로 김밥(단무지만 넣어 만든)이나 주먹밥으로 해결하였다. 비엔나에서는 그래도 민박집 주인의 추천으로 값싸고 그럴듯한 음식, 즉 소시지와 아이스크림과 슈니첼을 맛보았다.

중학교 땐가 TV에 비엔나 소시지 광고가 자주 나왔다. 그때부터 비엔나 소시지는 엄청 맛있을 거라는 인식이 머릿속에 박혀 있었는데 그 비엔나 소시지를 먹은 곳은 케른트너 거리 오페라 앞 노점이다. 알맞게 구운 소시지를 채로 썰어 케첩과 소스를 찍어먹는 맛은 근사한 레스토랑의 요리가 부럽지 않았다.

비엔나 소시지와 경쟁하며 광고에 등장했던 것이 아이스크림이다. 그 시절에 '정통 비엔나 아이스크림' 어쩌고 하는 광고를 자주 보았다. 비엔나 아이스크림은 자노니 앤드 자노니(Zanoni & Zanoni)라는 아이스크림 전문점에 가서 먹었다.

정통 비엔나 소시지

정통 비엔나 아이스크림

우윳빛 크림에 빨갛고 파란 무늬
가 있어 모양도 예뻤고 입안에서
살살 녹는 맛도 그만이었다.

오스트리아의 대표적인 요리
는 뭐니 뭐니 해도 슈니첼이다.
이 요리는 영화 '사운드 오브 뮤
직' 노래가사에도 등장하고 오
스트리아 관광 안내서의 먹을거
리 제일 앞부분에 등장하는 아주
연한 송아지 스테이크다. 씹히는 건지 아닌지 구별할 수 없을 정도로 육질이
부드럽고 고소한 이 요리는 민박집 주인이 추천해 준 시내 지하 레스토랑에
서 맛보았다.

'사운드 오브 뮤직' 영화의 어린이 노랫말에도 나오는 오스트리아 전통 송아지 고기 요리 슈니첼

프라하의 민박

체코의 수도 프라하로 가기 위해 다시 스튜던트 에이전시 버스에 올랐다. 안락한 버스, 좋기는 한데 이번에는 비엔나와 체코 중간쯤에 있는 체코 제2의 도시 브르노에서 내려 30분쯤 기다렸다가 프라하행 버스로 갈아타야 했다.

차창 밖으로 눈부시게 파란 하늘과 새하얀 뭉게구름이 어우러진 아름다운 풍경이 끝없이 이어졌다. 국토는 사막이나 다름없는 황량한 스페인 남부나 산악 투성이의 북유럽에 비해 넓고 푸른데, 이 나라가 공산치하에서 빈국이었다는 것이 얼른 이해되지 않았다.

체코는 EU 회원국이지만 아직 유로화 대신 '코루나'라는 자국 화폐를 사용한다. 단 한푼의 코루나도 없이 버스정류장에 내려 숙소까지 갈 차비가 없어 아내와 딸을 정류장에 두고 은행을 찾아다녔다. 개똥도 약에 쓰려면 없다더니 아무리 두리번거려도 은행이 보이지 않아 영어가 통할 것 같은 작은 호텔에 가서 물었더니 프런트에서 바로 환전해 주었다.

전차를 타고 찾아간 '유로윙스'는 한국인 형제가 운영하는 민박집으로 체코를 다녀온 사람들이 입을 모아 추천한 곳이다. 3박4일을 머물렀는데 과연 소문대로 시설도 좋고 서비스도 만점이었다.

일 년 전까지는 두 형제가 프라하 시내에서 각각 민박을 운영했는데 둘이 합쳐 새 주택단지에 있는 아파트 30여 호를 임대하여 영업하고 있다. 자신들이 살고 있는 집 외에 28개를 콘도 형식으로 손님에게 제공하고 있는데, 방 열쇠를 각각 주기 때문에 눈치 보지 않고 마음대로 들락거릴 수 있었다.

방도 넓고 침대도 큼지막하고 건물과 가구도 모두 새것이고 냉장고와 디지털 TV는 물론 주방기구 일체가 갖추어져 있어 고급호텔 같았다. 질 좋고 양 많은 아침식사는 잔칫상처럼 푸짐했으며 형제 내외분 모두 착하고 친절했다. 또 형제와 동서 간의 우애가 무척 좋아 보는 우리가 흐뭇하였다.

아름이의 여행노트

이번 동유럽 여행은 기대 이상이었다. 비엔나에서 무더위 때문에 고생은 했지만 날씨도 좋았고 친절한 분들도 많이 만났다. 그림에서 본 프라하 성이 정말 예뻐서 오기 전부터 가슴 설레었던 프라하는 민박집이 깨끗하고 주인 아저씨와 아줌마가 친절해서 더욱 즐거웠다.

주인집 아들이 나와 동갑이었는데 아주머니가 나를 딸처럼 대해 주셨다. 그 친구는 체코의 명문인 카를대학교에 가는 것을 목표로 하고 있다고 했다.

엄마는 여행 중에도 밤마다 공부를 하라고 하시더니 민박집 아주머니와도 공부와 대학 진학을 주제로 한참이나 대화를 나누셨다. 프라하에서 오랫동안 살았고 어쩌면 이곳에서 평생을 살 것 같은 아주머니의 자식에 대한 기대가 한국에 살고 있는 어머니들과 똑같다는 사실에 놀랐다.

체코의 진주 체스키 크룸로프

마을 전체가 유네스코 지정 세계문화유산인 체스키 크룸로프

마을 전체가 유네스코 지정 세계문화유산인 체코의 진주 체스키 크룸로프는 프라하에서 남쪽으로 약 200㎞ 떨어진 오스트리아 접경지역에 있다. 지도를 보면 비엔나에서 프라하로 가는 길목이라 처음에는 노선을 그렇게

체스키 크룸로프 성과 블타바 강

잡았는데 교통편이 마땅치 않았다. 비엔나에서 린츠까지 기차로 이동한 다음 린츠에서 체스케 부데요비체까지 버스를 타고 가 그곳에서 다시 체스키 크룸로프까지 가는 버스로 갈아타는 방법이 있었지만 교통비도 만만치 않았고 몇 번 갈아타는 것이 번거로울 듯했다.

비엔나에서 체스키 크룸로프까지 직통으로 가는 마이크로버스도 있었는데 하루 한 번 운행에 요금도 상당히 비쌌다. 결국 프라하에 여장을 풀고 하루 코스로 다녀오기로 했는데 탁월한 선택이었다. 편안하고 안락한 스튜던트 에이전시 버스가 체스키 크룸로프를 하루 5차례 운행하는데 왕복요금이 비엔나에서 체스키 크룸로프까지 가는 편도요금의 절반도 되지 않았다.

체스키 크룸로프 외곽 정류장에서 내려 시내로 들어서니 도시를 휘감아 도는 블타바 강 건너로 주황색 기와지붕의 아름다운 마을이 나타났다. 강 언덕 위 전망 좋은 곳에 프라하 성에 이어 체코에서 두 번째로 크다는 체스키 크룸로프 성이 날아갈 듯 걸려 있다. 이 성은 13세기 이 지방의 귀족인 비트코브 가에서 처음 건축한 이후 당대 유력한 귀족들로 주인이 계속 바뀌면서

체스키 크룸로프 성에 있는 성인 상

규모도 커지고 양식도 변하였다고 한다.

성 입구에 있는 종루 계단을 타고 꼭대기로 올라가니 아름다운 체스키 크룸로프 정경이 한눈에 들어왔다. 험한 고갯길만 구절양장인 줄 알았는데 블타바 강도 양의 창자처럼 마을을 휘감아 돌고 있었다. 세월은 이 마을에서만 멈추었는지 깊게 파인 강줄기 양쪽으로 성냥갑처럼 엉겨 붙어 있는 주택들과 구릉 숲 사이에 올망졸망 앉아 있는 집들이 16세기 번영하던 때의 모습을 고스란히 간직하고 있었다.

성 안으로 들어가니 성채에 둘러싸인 작은 뜰이 나오고 작은 문을 지나니 또다시 비슷한 건물에 둘러싸인 뜰이 있다. 다섯 개의 뜰을 지나고 작은 다리를 건너자 뒤쪽에 널찍하고 아름다운 정원이 나왔다. 잘츠부르크의 미라벨 정원 같기도 하고 비엔나의 쇤브룬 정원 같기도 한, 잔디 위에 기하학무늬의 꽃이 수놓아져 있고 아름다운 조각상 분수가 있는 멋진 정원이었다.

시내에 있는 건축물들도 정말 멋졌다. 마을 북쪽에 있는 부데요비체 문, 성 입구에 있는 수도원, 시내 중심에 있는 성 비트 교회 그리고 돌길 옆으로 늘어선 주택들이 모두 눈을 즐겁게 해 주었다.

넓지 않은 블타바 강에는 물놀이를 즐기는 사람들이 가득했다. 수량이 풍부하지는 않지만 중간에 보를 만들고 한쪽에 물길을 내어 청춘남녀들이 고무보트를 저으며 래프팅을 즐겼다.

산 좋고 물 좋은 체스키 크룸로프에는 미인들도 많았다. 성으로 올라가는 언덕 한 귀퉁이 상점에서 트르델니크(Trdelnik)라는 체코 전통 빵을 굽는 아가씨는 어찌나 예쁘던지, 내가 방송국 PD라면 금방 스카우트해서 미수다에 출연시키고 싶었다. 여행가 김찬삼 선생은 자신이 결혼을 하지 않았다면 스페인 아가씨와 했을 거라고 했는데, 나라면 체스키 크룸로프의 아가씨를 택했을 것이다.

마시는 온천수를 아십니까?

체코에는 체스키 크룸로
프만큼 유명한 관광지가 또
있다. 바로 서쪽 끝부분에
있는 온천 도시 카를로비 바
리다. 온천이라고 해서 뜨거
운 물에 몸을 풍덩 담그는
우리나라 온천을 생각하면
안 된다. 카를로비 바리의
온천수는 마시는 것이다.

사도바 콜로나다

믈린스카 콜로나다

카를로비 바리도 스튜던트 에이전시를 이용했는데 아침부터 저녁까지 한 시간에 한 대꼴로 운행되어 편리했다. 시내로 들어가니 테플라 강이 남에서 북으로 흐르고 있는데 강물은 철분이 들어 있어 붉은색이었다.

마시는 온천수는 '콜로나다' 라고 한다. 카를로비 바리에는 12개의 원천이 있는데 그 중 테플라 강을 따라 늘어선 4개의 큰 콜로나다가 관광객을 맞고 있었다. 콜로나다 관광이 좋았던 건, 첫째는 입장료를 받지 않았고 둘째는 콜로나다 건축물이 훌륭한 예술작품이어서였다.

입장료를 받았다면 한두 개 정도 관람했을 텐데 그 유명한 콜로나다의 입장이 무료여서 모두 돌아보았다. 단지 먹는 온천수여서 탕은 없고 수도꼭지 몇 개 있는 것이 전부인데 수도꼭지만 덩그러니 있었다면 얼마나 볼품없을까. 그런데 이 수도꼭지가 있는 부지에 웅장한 건물이 서 있다. 그러니 온천수는 둘째 치고 아름다운 건축물을 보기 위해 관광객이 몰려올 수밖에 없다.

제일 먼저 찾은 곳은 드보르작 공원 옆에 있는 '사도바 콜로나다'인데 수도꼭지는 뱀 형상이고 건물은 돔 형태였다. 1881년 비엔나의 건축가 펠르너와 헬머가 지었다고 한다.

　강을 거슬러 조금 올라가니 '플린스카 콜로나다'가 나왔다. 이 건축물도 사도바 콜로나다와 같은 시기에 지어졌는데 지은 사람은 프라하 국민극장을 설계한 유명한 건축가 요제프 지테크란다. 장엄한 기둥 100개가 받치고 있는 르네상스식의 콜로나다는 이곳에 있는 건축물 중 가장 아름다웠다.

　그 다음에 있는 '트리지니 콜로나다'는 흡사 레이스를 치렁치렁 늘어뜨린 것 같은 독특한 형태의 건축물인데, 이 온천에서 14세기 신성로마제국의 황제 카를 4세가 다리를 치료했다고 한다. 건축물은 훗날, 그러니까 앞의 콜로나다와 거의 같은 시기인 1883년에 지은 것이다.

트리지니 콜로나다

브지델리 콜로나다

비쉬나 전망대에서 본 카를로비 바리. 온천보다는
아름다운 경관 때문에 병을 고친 것은 아니었을까.

앞의 세 콜로나다는 테플라 강 서쪽에 있지만 '브지델리 콜로나다'는 강 동쪽에 있다. 이곳은 간헐천으로 온천수가 10m 이상 솟구쳐 오르는데 실내에서 더구나 수도꼭지에서 나오니 미국 옐로스톤의 간헐천이나 뉴질랜드 로토루아의 웅장한 간헐천에 비하면 초라했다.

각 콜로나다 앞에서 온천수를 받아 마실 수 있는 작은 컵을 파는데 기념품으로도 손색이 없는 예쁜 모양이다. 우리도 컵을 사서 온천수를 받아 마셨다. 그런데 나는 비위가 약해 40가지 성분이 들어 있는 뜨뜻미지근한 온천수가 도저히 넘어가질 않았다.

콜로나다 구경을 마치고 카를로비에서 가장 큰 성 마리 막달레나 교회, 18세기 딘첸호퍼라는 건축가가 지었다는 쌍둥이 돔이 아름다운 교회를 잠깐 보고 길을 재촉하여 비쉬나 전망대로 갔다. 도시 남쪽 끝에

카를로비 바리를 가로질러 흐르는 테플라 강의 물은
철분이 녹아 있어 붉은색이다.

있는 PUPP라는 호텔 뒤편에서 궤도열차를
타고 산꼭대기로 올라가니 그곳에 전망대가
있었다. 궤도열차의 요금은 아주 저렴했고 전
망대 엘리베이터는 무료였다.

비엔나에서 천둥 번개 치며 비가 오던 날
체코에도 단비가 내렸다는데, 그때 내린 소낙
비가 대기 중의 먼지를 말끔히 쓸어갔기 때문
인지 눈부시게 푸르른 하늘에 솜사탕 같은 구
름이 두둥실 떠다니고 있었다. 가시거리는 최
고였고 푸른 숲 사이로 주황색 지붕이 점점이
박혀 있는 경치는 환상적이었다. 환자들의 병
을 치유한 것은 온천수가 아니라 아름다운 자
연 풍광 아니었을까.

관광기념품점. 온천수를 받아 마실
수 있는 컵을 판매하는 가게가 많다.

나는 왕이로소이다

화약탑

프라하에는 옛날에 왕이 즉위하면 왕관을 쓰고 위용을 뽐내며 행진을 했다는 왕의 길이 있다.

그 길은 화약문(화약탑)에서 시작하여 천문시계가 있는 구시가 광장을 지나고 카를 다리를 건너 프라하 성에 이르는 약 2.5㎞의 돌길이다.

우리는 그 길을 따라 걸어보기로 했다. 오늘 하루 내가 왕이 되고 아내가 왕미가 되고 딸이 공주가 된 대서 시비를 걸어올 자는 없을 터. 왕이 썼을 왕관 대신 나이키 모자를 쓰고 왕이 탔을 황금마차 대신 프로스펙스 운동화를 신고

성 미쿨라슈 교회

터덜터덜 걸었다.

　출발지 화약문은 독일의 쾰른 대성당처럼 숯검댕이가 잔뜩 엉겨 붙어 있는 석조 건축물이다. 원래 도성 방어용 성문이었는데 한때 화약창고로 사용되어 그런 이름이 붙었다고 한다. 65m의 까마득한 탑이 옆에 있는 시민회관보다 높았는데 원래의 탑은 18세기 중반 전쟁통에 무너졌고, 지금 것은 19세기 말에 복구한 것이란다.

　첼레트나 거리를 보무도 당당히 행진하여 구시가지 광장으로 갔다. 프라하를 찾은 관광객이 여기 다 모였나 보다. 인산인해, 그야말로 사람이 산을 이루고 바다를 이루고 있었다. 이 광장은 반은 관광객이고 반은 도둑이니 각별히 주의하라는 민박집 주인의 말을 되새기며 틴 교회와 얀 후스의 동상을

틴 교회

보고, 시청사의 천문시계와 성 미쿨라슈 교회를 돌아보았다. 그러고 보니 프라하의 명소가 광장 주위에 몰려 있는 셈이다.

유럽 도시를 돌면서 보고 또 본 교회, 프라하라고 예외일 리가 없다. 광장 옆에 크고 아름다운 교회가 둘 있는데, 12세기에서 14세기 사이에 지었다는 고딕 양식의 틴 교회와 1283년에 처음 건축하였지만 고치고 다듬어 1752년 완성하였다는 바로크 양식의 성 미쿨라슈 교회다.

틴 교회의 원래 이름은 '틴 앞의 성모 마리아 교회'다. 여기서 틴은 세관이란 뜻이니 '세관 앞에 있는 성모 마리아 교회'라는 의미가 된다. 내가 화약문을 출발해서 폼을 잡고 걸어 온 첼레트나 거리가 옛날에는 무역상들이 거래하던 장터여서 항상 상인들로 붐볐고 광장 근처에는 상인들의 숙소와 세관이 있었다. 당시 유럽은 기독교가 국교였고 전 시민이 신자였으니 상인

천문시계

들이 모여 있는 이곳에 당연히 교회가 있었고, 세관 앞에 숙박시설의 부속교회를 건축하였기 때문에 이름이 그렇게 된 것이다.

틴 교회에 하늘을 찌를 듯한 두 개의 뾰족한 첨탑이 있다면 성 미쿨라슈 교회에는 부드러운 돔형의 예쁜 종루가 세 개 솟아 있다. 바로크 양식은 부드러운 곡선의 기둥과 금박을 입힌 화려한 장식이 특징인데 성 미쿨라슈 교회 내부 장식이 그랬다.

그리고 미쿨라슈의 생애와 성경 이야기를 그린 천장화가 참으로 볼만하였다. 미쿨라슈가 어느 분인가 궁금했는데 영어로 니콜라스였다.

성 니콜라스는 지금의 터키에 속해 있는 리키아 지방에서 태어나 기독교를 믿어 신부가 되었는데 로마 황제의 기독교 박해로 여러 번 투옥되었지만 믿음이 돈독하고 위기 때마다 하느님의 도움을 받아 더욱 포교에 힘써 가톨릭과 정교회 양쪽에서 모두 성인으로 추앙받는 인물이다.

그가 지참금이 없어서 시집을 가지 못하고 사창가로 팔려갈 운명에 처한

가난한 집의 세 딸에게 금덩이가 든 자루 세 개를 몰래 갖다주어 그녀들을 수렁에서 건져냈다는 일화는 특히 유명하다. 산타클로스 할아버지의 기원으로 알려져 있는 그 니콜라스가 체코에서는 미쿨라슈였고 이 교회의 이름도 바로 그 성인의 이름에서 따온 것이다.

광장 북쪽에는 종교개혁가 얀 후스의 동상이 있다. 카를대학교 총장이며 설교사였던 그는 우리가 잘 아는 종교개혁가 마르틴 루터보다도 100년 전에 로마교회의 타락을 비판하다 이단으로 몰려 1415년에 화형당했다. 후일 그의 경건한 기독교 정신을 이어받은 후스파가 생겨 로마 가톨릭과 대립의 각을 세우게 되는데, 동상은 그의 사망 500주기를 맞아 1915년에 건립하였다.

구시가 광장의 백미는 구 시청사 탑 아래쪽에 붙어 있는 천문시계다. 이 시계에는 둥근 원 안에 한쪽으로 쏠려 있는 또 하나의 원이 있고 시계침이 있는데 아무리 보아도 몇 시를 나타내는지 알 수가 없다. 그도 그럴 것이 바깥쪽 것이 태양과 달과 다른 천체의 움직임을 나타내는 것으로 1년에 한 바퀴 돌고, 안쪽 것은 황도 12궁(태양과 행성들이 지나가는 길목에 있는 12개의 별자리)과 사계절의 농사일을 그린 것으로 하루에 한 눈금씩 움직인다고 하니 현재의 벽시계 시침과 사뭇 다르다.

오전 9시에서 오후 9시 사이 매시 정각이 되면 시계 위쪽에 있는 두 개의 창이 열리고 예수 12제자가 차례로 창문으로 나타났다 사라진 후 시간 수만큼 종이 울린다. 맨 마지막에 꼭대기에 있는 비둘기가 꾸꾸루 울면서 끝나는데 이것을 보기 위해 모여든 사람들로 구 시청사 앞은 발 디딜 틈이 없다.

이 시계 제작자에 대해서는 확실한 기록이 없고 여러 가지 설이 있다. 그중에 슬픈 이야기가 하누슈 제작설이다. 카를대학교의 수학교수이며 천문학자인 하누슈가 이 시계를 완성하자 이것을 본 다른 도시 사람들이 똑같은 시계를 만들어 달라고 부탁했다. 그러자 똑같은 시계가 다른 곳에 만들어지는 것을 막기 위해 한 시민이 한밤중에 하누슈를 습격하여 장님으로 만들었다는 것이다.

프라하판 팔공산 갓바위

    왕의 길은 구시가 광장에서 끝나는 것이 아니다. 왕궁이 있는 프라하 성까지는 아직도 한참 남아 있다. 기념품 가게가 늘어선 좁은 길을 돌아가니 드디어 프라하에서 가장 오래 되었다는 아름다운 고딕식 돌다리 카를교가 나왔다.

    입구의 교탑은 화약문과 비슷한 형태인데 옛날에는 이곳에서 통행세를

카를교와 프라하 성

카를교 교탑에서 본 프라하 주택의 지붕과 교회의 첨탑

받기도 하고 경비소로 쓰기도 했단다. 안쪽 계단을 따라 좁은 통로를 올라갔더니 세상에, 서쪽으로 카를교와 프라하 성이 한눈에 들어온다. 체코를 소개하는 책마다 나오는 아름다운 프라하 사진을 바로 여기서 찍었는가 보다. 동쪽 경관도 아름답기는 마찬가지, 무수한 교회 첨탑과 빨간 지붕들이 지평선처럼 수평선처럼 눈길 닿는 곳까지 뻗어 있다.

교탑을 내려와 드디어 다리로 접어들었다. 1357년 카를 4세의 명에 의해 착공하여 15세기 초반에 완성하였다는 520m의 카를교, 다리도 아름답지만 양쪽에 늘어선 30개의 성인 조각상이 걸작이다. 이 조각상들은 다리 완성한참 후인 1638년에 처음 세워졌으며 이후 하나씩 하나씩 200여 년에 걸쳐 제작된 것이다. 성인들의 이름은 체코식이어서인지 귀에 익지 않았다.

이 많은 성인상 중 유독 사람들이 많이 모여 있는 곳은 가장 먼저 건립되었다는 '성 얀 네포무크'상이다. 이 조각상은 머리 부분에 별 장식이 달린 원형 테두리가 있는 것이 특징이며 다리 북쪽 난간 정중앙에 있다. 성 얀 네포무크 상 받침대 왼쪽 강아지 부조 부분을 만지면서 소원을 빌면 그 소원이

많은 사람들이 문질러 광이 반짝반짝 나는
행운의 부조

카를교에 있는 성 얀 네포무크 상의 부조를 문지르면 행운이 찾아온다는 속설이 있다.

이루어지고 받침대 오른쪽 있는 여인의 부조 부분을 만지면서 사랑의 소원을 빌면 이 또한 이루어진다는 속설이 있어 너도 나도 줄을 서서 부조를 만지고 있다. 프라하판 팔공산 갓바위다.

궁정 신부였던 얀 네포무크는 왕비 소피아가 누구와 사랑에 빠졌다는 고해성사를 들었는데 바츨라파 왕(카를 4세의 아들)의 신문에도 끝까지 비밀을 지키다 블타바 강에 던져져 순교했다는 성인이다.

재미있는 건 우리보다 4개월쯤 전에 프라하를 다녀온 지인이 있는데 결혼 후 3년째 아이가 없던 이 부부가 성 얀 네포무크 상 부조를 만지며 소원을 빌고 나서 프라하에서 아기가 생기는 경사가 났다. 이제 첫돌이 지난 프라하둥이는 지금 건강하게 잘 자라고 있다.

아름이의 여행노트

누구에게나 소원이 있고 그 소원이 꼭 이루어지기를 바라는 마음을 갖고 있다. 또 소원을 이루게 해 달라고 교회에 가서 기도하거나 절에 가서 불공을 드린다. 때로는 용하다는 자연물에 절을 하며 소원을 빌기도 한다.

외국에서도 이런 광경을 종종 보았다. 벨기에의 그랑플라 광장 주변에도 문지르면 행운이 온다는 부조가 있고, 프라하에도 비슷한 것이 있다. 카를교 중간에 있는 성 얀 네포무크 상 받침대에 있는 강아지 부조를 문지르면 행운이 온다는 것이다. 어찌 보면 미신 같기도 한데 많은 사람들이 부조를 만지기 위해 줄을 서서 기다리고 있었다.

우리도 줄을 서서 기다렸다가 동상의 부조를 문지르며 소원을 빌었다. 동상은 시커먼데 강아지 부조 부분은 얼마나 많은 사람이 문질렀는지 반들반들 윤이 났다. 소원은 비밀을 지킬 때 더 잘 성취된다고 하니 무슨 소원을 빌었는지는 공개하지 않으련다.

체코의 상징
프라하 성

왕의 길은 카를교를 건너 네루도바 거리를 지나 프라하 성에 닿는다. 블타바 강 서쪽, 흐라치니 언덕 위에 있는 프라하 성은 9세기 중반에 처음 건축된 이후 유럽의 다른 성들과 마찬가지로 후세 왕들이 늘려 짓고 고쳐 지어 카를 4세 때 현재 모습이 되었다.

카를 4세는 원래 보헤미아(현재 체코의 서부·중부 지방) 왕의 아들로 1346년부터 1355년까지는 보헤미아의 왕을 지냈고 1355년 신성로마제국 황제로 즉위해 1378년까지 재임했다. 체코에서 가장 아름다운 다리를 착공한 이도 카를이요, 체코에 최초로 대학을 설립한 이도 카를이어서 그의 이름이 카를교, 카를대학에 남아 현재까지 전해진다. 그는 언제나 체코 국민들이 가장 존경하는 사람 1위다.

프라하 성이 체코의 상징이라면 성 비타 대성당(성 비트 대성당이라고도 함)은 프라하 성의 상징이다. 성 안에 있는 건불 중 가상 큰 이 성낭은 925년 보헤미아의 공작이 처음 지었고 카를 4세 때 늘려 짓기 시작해 1420년에 겨우 완성하였고 1929년에 지금의 모습이 되었다고 한다. 카를 4세의 무덤도 이 성당 지하에 있다.

성지 순례를 온 건지 관람객의 줄이 꼬리에 꼬리를 물고 있다. 그동안 수

없이 많은 성당과 교회를 다녀보았지만 이렇게 많은 순례자를 본 것은 처음이다. 이 성당에는 19세기 말부터 20세기 초까지 제작하였다는 화려한 스테인드글라스가 있고 카를 4세의 무덤과 순은 3톤을 녹여 만들었다는 성 네포무크의 무덤 등 역대 제왕과 성인들의 무덤이 있다.

성 비타 대성당과 더불어 프라하 성을 상징하는 중요한 건축물은 16세기까지 보헤미아의 왕궁이었던 구왕궁이다. 구왕궁에는 천장이 꼭 갈비뼈 모양으로 된 62m나 되는 블라디슬라프 홀이 있는데 한때 유럽에서 제일 큰 홀이었다고 한다. 옛날에는 이곳에서 기사 임명식 등 왕의 공식 행사가 거행되었다는데, 현재는 체코 대통령선거가 치러지는 장소다.

체코와 인접한 오스트리아와 헝가리 대통령은 의전용 얼굴마담이지만 체코 대통령은 거부권과 주요 각료 임명권, 대법원 판사와 헌법재판소 재판관 임명권을 가진 권력자다. 그렇지만 국민이 직접 뽑지 않고 의회에서 선출하는데 그 선거를 바로 블라디슬라프 홀에서 실시한다. 구 왕궁은 이 홀에서 선출된 대통령의 집무실로 사용되고 있다.

성 안에는 성 이지 교회가 있는데 성 비트 대성당보다 먼저 지어졌지만 화재로 소실되어 1142년에 다시 지은 것이다. 성 비타 대성당을 포함한 대부분의 건물은 입장료를 받는데 이 교회는 무료였다. 유명한 '프라하의 봄 음악제'가 이 교회에서 열리며 평소에도 콘서트가 종종 열리는데 입장료도 저렴하다고 한다.

오른쪽 아담의 첨탑을 위쪽 이브의 첨탑보다 크게 만들어서 여성들의 원망이 자자하다는 성 이지 교회

흐라치니 언덕의
오케스트라

체코 왕궁 광장에서 감미로운 음악을 연주하는 거리의 악사

　프라하 성 정문에서는 매일 정오 위병 교대식이 열린다. 11시가 조금 넘
으면 교대식을 보려고 많은 사람들이 모여드는데 이때 거리의 악사들이 한
바탕 공연을 한다. 프라하는 '신세계 교향곡'으로 유명한 드보르자크를 배
출하였고, 모차르트가 다섯 번이나 방문해서 연주를 한 음악의 도시다.

　유랑 악단에도 급이 있다면 프라하 왕궁 앞의 4중주단은 A급이었다. 플
루트 연주도 아코디언 연주도 바이올린과 콘트라베이스 연주도 유명 오케스
트라 뺨칠 정도였다. 블타바 강과 프라하 시내가 보이는 흐라치니 언덕에서

체코 왕궁 위병 교대식

열린 음악회를 감상하는 기분을 어디에 견줄 수 있을까. 유랑 악단 공연은 뒤이어 본 왕궁의 위병 교대식보다 더 재미있었다.

주위가 소란해지면서 왕궁 위병의 모습이 보이자 유랑 악단은 보따리를 쌌다. 기대했던 위병 교대식이 시작되었는데 푸르스름한 제복도 눈에 들어오지 않고 교대식도 무미건조했다. 영국 버킹엄 왕궁의 위병 교대식도 지루했지만 그래도 새빨간 제복에 까만 털모자를 쓴 근위병의 행진은 볼만한데 체코 왕궁 교대식은 그에 미치지 못하였다.

위병 교대식이 끝난 후 성 외곽의 흐라치니 언덕을 산책했다. 답답한 내부를 돌아보는 것보다 훨씬 상큼하였다. 다른 유럽의 도시보다 많은 교회 말고도 골목 사이사이에 있는 빨간 지붕의 집들도 사진첩처럼 예뻤다.

아직도 컴컴한
유대인 지구

    유대 왕국이 로마에 멸망한 후 이스라엘을 세우기까지 2천 년 세월 동안 유대인들은 세계 도처에 흩어져 살았다. 그 까닭에 유럽 대부분의 도시에는 유대인 거주지역이 있다. 이 지역은 유대인들이 만들었다기보다 기독교도들이 격리용으로 만든 것이라고 한다.

    프라하에도 구시가지 광장 북쪽에 유대 지역이 있다. 과거에는 길도 좁고

유대인의 회당인 시나고그. 첨탑에 다윗의 별이 박혀 있다.

건물도 비위생적인 것을 정비하였다는데 지금도 좁고 답답하고 색깔도 칙칙해 음산했다. 유대인 지구에는 '시나고그'라는 유대교 예배당이 있는데 프라하의 그 좁은 유대인 지구에도 다섯 개가 넘는 시나고그가 촘촘히 있다.

그 중 한 곳에 들어가 보려고 했더니 입장료를 받는다. 한 교회만 관람할 수 있는 입장권도 아니고 시나고그 5개와 묘지를 관람할 수 있는 입장권을 묶어서 판매했다. 아쉽지만 입장권 구입을 포기하고 관리인의 양해를 얻어 비소카 시나고그 문간에서 슬쩍 안을 들여다보았다. 아무 장식도 없는 공회당 같은 건물 안에 유대인 서너 명이 예배를 보고 있을 뿐 특별한 기념물이나 조각작품은 눈에 띄지 않았다. 내부 벽면에 나치에게 살해된 유대인 7만 3천여 명의 성명과 사망 장소와 사망일이 쓰여 있다는 핀카스 시나고그와 유대인 묘지도 담 너머로 살짝 보았다.

이곳 유대인 거주지는 유럽에 있는 것 중 가장 규모가 크고 나치가 죽음의 수용소로 유대인을 몰아갈 때 중간 집결지였다고 한다. 유대인은 죽어서도 묻힐 자리가 없어 시체 위에 시체를 7층, 8층으로 쌓고 또 쌓았으며 최고 12층까지 포개서 묻었단다.

유대인 지구의 기념품 판매 노점

묘지 옆에서 기념품을 파는 노점상도 검은옷을 입고 기념품도 대부분 거무튀튀하다. 유대 지구 자체도 음침하고 최근 100년 동안은 묻힌 사람이 없다는 묘지도 폐허 같아 무더운 한여름에 냉기가 도는 듯했다.

수박 겉핥기로 유대 지역을 돌아보고 구시가 광장으로 나오니 햇살이 눈부시게 따갑다. 왜 유대 지역은 아직도 태양광이 들지 않는 컴컴한 그늘 속에 있는 것일까.

드보르자크가
  영감을 얻은 성

　프라하 남동쪽에 있는
비셰흐라드 성은 관광객
이 많이 찾는 곳은 아니
다. 우리도 잘 몰랐는데
민박집이 성 근처여서 산
책 삼아 돌아보았다.

　'프라하의 옛 성'이라
는 뜻을 가진 비셰흐라드
는 블타바 강 동쪽 언덕에
10세기경에 지은 성채로

비셰흐라드 성에서 본 블타바 강과 프라하 성

드보르자크, 스메타나 등 많은 예술인들이 머물며 영감을 얻었다는 곳이다.
10세기 중반에 브라티슬라프 국왕이 프라하 성으로부터 이주해 와 정궁으로
삼고 통치하면서 절정기를 맞았지만, 1140년 소베슬라프 왕자가 다시 프라
하 성으로 주궁을 옮긴 이후 쇠퇴의 길로 접어들었고, 샤를 4세 때 궁의 지위
가 사저로 격하되었다.

　그래도 샤를 4세는 요새를 정비하고 성 페테로 성당과 성 파울로 성당도
수리하였다. 15세기 중반 외침을 받아 폐허가 된 것을 30년 전쟁 이후 체코

비셰흐라드 성의 묘지. 묘지가 아니라 꽃밭 같다.

를 통치하던 오스트리아 합스부르크 왕가가 바로크 양식으로 개축하여 황실
군대의 훈련장으로 사용했다는 곳이다.

비셰흐라드의 볼만한 건축물로는 성곽과 교회 그리고 묘지를 들 수 있겠
다. 까마득히 높고 견고한 성곽은 이곳이 프라하 수성에 얼마나 중요한 장소
였던가를 짐작게 한다. 지금은 주민이 살지 않는 이 성 안에 웅장한 교회가
두 개나 있는 까닭은 과거 왕궁이었기 때문이다.

궁정사제가 왕을 모시고 예배를 드렸을 성 페테로 교회는 흔히 보아온
첨탑 두 개가 우뚝 솟은 고딕식 성당이다. 성당 옆에 수도원처럼 생긴 건물
이 있고 그 옆에 묘지가 있는데 무덤 주위에 어여쁜 꽃이 만발해 묘지라기보
다는 정원 같다. 몇 개 남아 있지 않은 건축물도 훌륭했지만 울창한 숲과 성
벽에서 본 블타바 강의 낙조는 더욱 아름다웠다.

세상은 넓고
볼 것은 많다

체코 국립박물관과 바츨라파 광장. 1968년 '프라하의 봄'이라는 자유화 운동 당시
소련을 중심으로 한 바르샤바조약군 20만이 진주해 진입한 광장이다.

프라하에서 마지막 밤을 보내고 공항으로 가기 위해 짐을 꾸렸다. 체코 여행이 즐거웠던 건 편안한 민박 덕분이다. 잠자리가 편해야 여행이 즐거운 법, 저렴한 가격에 특급 호텔이나 진배없는 숙소를 구한 것이 큰 행운이었다.

요금이 싸고 안락했던 스튜던트 에이전시 버스도 여행에 즐거움을 더해 주었다. 숙박과 교통이 해결되면 다른 것은 거저먹기다.

집 떠나면 고생이라지만 준비를 잘 하면 그만큼 고생을 덜 수 있다. 어떤 사람은 여행지에서 고생하는 것이 추억이요 묘미라고 하지만, 꼼꼼하게 챙겨서 시간과 경비를 절약하며 알찬 여행을 하는 것이 좋지, 일부러 고생해 가며 추억거리를 만들 것까지 없지 않은가.

세상은 넓고 볼 것은 많지만 아름이와 함께 한 세계여행은 여기서 일단 멈춤이다. 잠깐 내려진 차단기가 다시 올라가면 우리는 또다시 여행을 떠날 생각이다. ★